전문기술인을 위한

화학개론

김명철 저

녹문당

머리말

조그만 결실의 기쁨을 하나님께 감사드리며 독자들에게는 유익과 만족의 어떤 것이 되길 기대하는 마음 크다.

작은 분량이지만 이 책에도 추구하는 목표가 있다. 관련 기술이 곁들여진 화학의 기초를 정확하면서도 쉽고 간결하게 정리하는 것이다. 내용적인 관점은 다양한 전공의 이·공학 관련자와 취업 및 승진 시험을 준비하는 독자들에게 적합하도록 구성하였다. 할로겐소화약제의 명명이나 연소반응, 열전달, 밀러지표 등과 같이 각 장마다 본문과 예제를 통해 화학관련전공 이외도 소방학, 기계공학, 재료공학, 환경학 등 다양한 응용과학기술 분야와의 관련성을 폭넓게 소개하고자 노력하였다.

본문 중의 화학물질명은 아직까지 익숙하진 않지만 개정된 대한화학회의 규정을 따랐다. F는 플루오린으로, CH_4는 메테인으로, ether는 에터 등으로 표기하였다. 전문용어는 영어를 병기하였으며 찾아보기에 각각 수록하였다.

앎의 깊이가 깊지 못하고 시간적 제약이 따른 초판이라 두려움과 아쉬움이 없지 않다. 이 책을 대하는 이들과 교재로 사용하는 여러 분들로부터 진심어린 조언과 충고를 기대해본다.

책의 발간을 위해 애써주신 도서출판 녹문당 김중현 사장님께 감사드리며 조언과 격려를 아끼지 않았던 전일련 박사와 조인호 박사께도 감사하는 마음이며 문서작업을 도운 김민정 조교, 성민이, 진호, 성환이가 고마울 따름이다.

2007년 2월

저 자

Contents

제1장 물질과 측정

제4장 화학양론

제5장 기 체

제6장 액체 및 고체

제7장 용 액

제8장 화학평형과 반응속도

제9장 산과 염기

제10장 산화와 환원

제11장 열화학

제12장 유기화학

제1장 물질과 측정

1.1 화학이란?

화학(chemistry)은 물질의 특성과 변화를 연구하는 학문이다. 인체를 포함한 생물계의 모든 대사작용과 무생물계의 자연적 진행과정이 대부분 화학적 변화이다. 그러므로 자연현상과 인위적 과정의 모든 분야를 이해하는데 필요한 학문이 화학이다.

1.2 물질의 분류

물질(matter)은 공간적 부피를 가진 질량체로 정의하며 여러 종류의 분자들로 구성된 혼합물(mixture)과 한 종류의 분자로 된 순물질(pure substance)로 구분한다. 순물질은 순수한 물질의 준말인데 한 종류의 원소로만 구성된 단체(elements)와 두 종류 이상의 원소로 이루어진 화합물(compound)이 있다. 이것은 모두 두 개 이상의 원자로 구성된 분자 형태이나 단원자분자(uniatomic molecule)도 포함된다. 혼합물은 공간적 위치에 따라 성분과 조성이 일정한 균일혼합물(homogeneous mixture)과 그렇지 않는 불균일혼합물(heterogeneous mixture)로 구분한다.

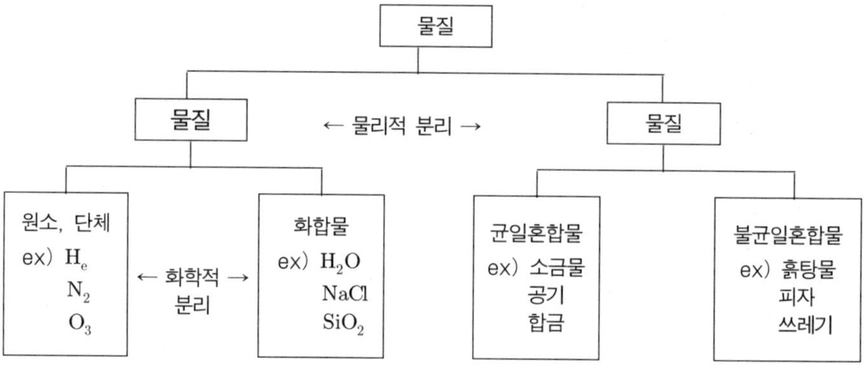

그림 1.1 물질의 분류

1.3 물질의 상태

물질은 온도와 압력에 따라 세 종류의 상태로 존재한다. 즉 고체(solid), 액체(liquid), 기체(gas)이며 이런 상태를 상(phase)이라고 한다. 각 상의 특성에 관해서는 5장과 6장에서 자세히 언급되며 이 장에서는 상태간의 변화와 상평형에 대해서만 소개한다.

물질의 상태가 변화하는 것을 상전이(phase transition)라고 하며 일반적으로 압력이 일정하면 온도가 올라갈수록 고체에서 액체, 액체에서 기체로 변한다.

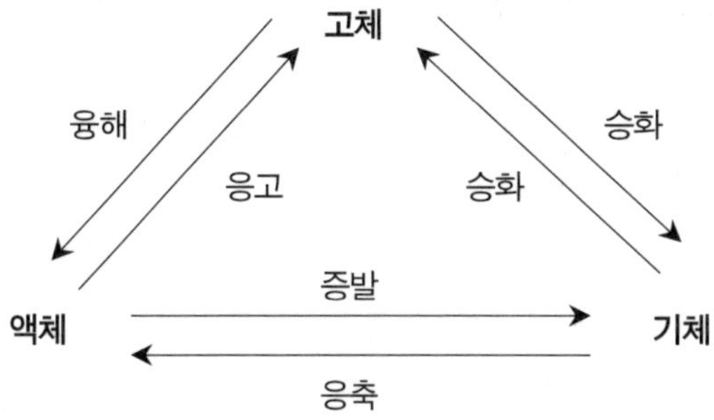

그림 1.2 상전이

융해(fusion)는 응고(solidification)와 반대되며 승화(sublimation)는 기체-고체간의 상전이를 모두 가리킨다. 증발(vaporization)은 기화(gasification)라고 말하기도 하며 응축(condensation)과는 반대 현상이다. 온도와 압력에 따른 물질의 상태는 상평형도(phase diagram)를 통해 알 수 있다. 물(H_2O)의 상평형도는 다른 대부분의 물질과는 다르게 고-액 평형선이 왼쪽으로 확장되어 액체상태가 상대적으로 넓은 영역을 나타내고 있다.

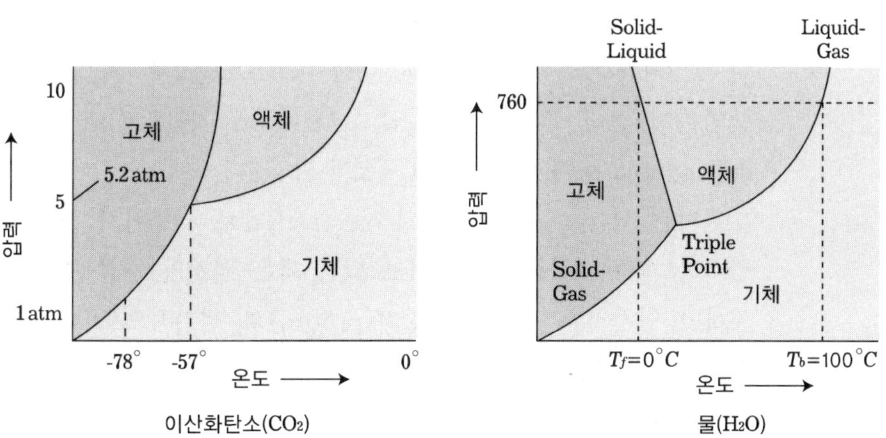

〈그림 1.3 상평형도〉

1.4 원자와 원소기호

물질을 구성하는 기본 입자를 원자(atom)라고 하며 현재 109종의 원소가 확인되었다.

원소(element)는 원자를 가리키는 용어로써 같은 의미를 가지나 모든 원자들이 서로 다르므로 '구분되는 원자'의 의미로 사용되는 경우가 많다. 원소들의 이름을 기호로 표현한 것이 원소기호(atomic symbol)이다. 대개의 경우 원소들의 영문명을 간단히 구분한 것이며 탄소의 C(carbon), 산소의 O(oxygen), 질소의 N(nitrogen) 등이 있고 이 밖에도 라틴어에서 유래한 금(Au), 은(Ag), 구리(Cu), 과학자의 이름에서 유래한 퀴륨(Cm), 아인스테이늄(Es), 노벨륨(No), 지명이나 색깔에서 유래한 어메리슘(Am), 버커륨(Bk), 코발트(Co) 등이 있다.

1.4.1 원자구조

1803년 John Dalton이 제안한 원자론(atomic theory)은 원자가 더 이상 쪼개지지 않는 독립된 입자이며 서로 다른 원자들 간에 결합을 형성할 수 있으나 반응을 통해 원자는 생겨나거나 소멸되지 않는 다는 것이다. 이를 바탕으로 19세기와 20세기 중엽까지 J.J Thomson, R.A.Millkan, E.Rutherford, J.Chadwick 등에 의해 원자의 구조가 밝혀졌다.

원자는 핵(nucleus)과 전자(electron)들로 이루어져 있으며 원자 무게의 대부분을 차지하고 있는 핵은 원자의 중심부에 위치하고 양하전된 입자인 양성자(proton)와 전기적으로 중성상태인 중성자(neutron)로 구성되어 있다. 전자는 핵자(nucleon)들에 비해 약 1/1840 정도의 질량을 가진 가벼운 입자인데 전기적으로 음전하를 나타내며 핵 주위에 분포되어 있다.

표 1.1 원자를 구성하는 입자

명칭	기호	전하	상대적 질량	실제 질량
양성자	P^{+}	+1	1	1.673×10^{-24}g
중성자	n	0	1	1.675×10^{-24}g
전자	e^{-}	-1	1/1840	9.110×10^{-28}g

원자핵은 원자의 자체 크기에 비해 지극히 작아서 실제 원자의 크기는 전자들에 의해 점유된 공간의 크기로 결정되나 원자의 질량은 대부분 핵에 집중되어 있다.

1.4.2 원자번호와 질량수

원자들은 각각 고유한 성질을 가지며 서로 간에 구분되는 것은 핵 속의 양성자 갯수가 다르기 때문이다. 핵 속의 양성자 갯수를 원자번호(atomic number, Z)라고 하며 중성원자의 경우 전자들의 총 갯수와 일치한다. 또한 원자들의 질량을 결정하는 핵자(nucleon)들의 갯수를 질량수(mass number, A)라 하므로 중성자의 실제 갯수는 A-Z 가 된다. 일반적으로 원자번호는 원소기호의 왼쪽 아래에, 질량수는 원소기호의 왼쪽위에 표기한다.

$$^{A}_{Z}\text{원소기호(예, } ^{12}_{6}\text{C)}$$

대부분의 원소는 동위원소(isotope)를 가지는데 원자번호는 같으나 질량수가 다른 원소들을 가리킨다. 예를 들어 수소와 탄소의 경우는 다음과 같은 동위원소가 존재한다.

$^{3}_{1}$H(삼중수소, T) $^{14}_{6}$C

$^{2}_{1}$H(중수소, D) $^{13}_{6}$C

$^{1}_{1}$H(수소, H) $^{12}_{6}$C

1.4.3 원자량

원자들의 실제 질량은 표 1.1에서처럼 매우 가벼워서 표현상의 어려움이 있다. 따라서 원자들의 질량을 상대적인 비교치로 정하고 이를 원자질량단위(atomic mass unit, amu)라고 한다. 이때 탄소의 질량을 기준으로 정하여 12 amu로 하고 다른 원소들은 탄소 질량에 대한 상대적인 크기로 표현하여 질소(N)는 14, 산소(O)는 16으로 한다. 또한 원자질량단위로 표현되는 원자들의 무게를 원자량(atomic weight)이라 하는데 동위원소들의 평균치로 나타낸다. 따라서 자연 상태에 존재하는 수소의 원자량은 1.01 amu, 탄소의 원자량은 12.01 amu, 염소(Cl)의 원자량은 35.45 amu이다.

1.4.4 전자배치

핵 주위에 분포된 전자들은 구름처럼 빽빽이 존재하지만 핵으로부터의 특정 거리에서 그 밀도가 높아진다. 이 같이 전자가 발견될 확률이 높은 위치들을 전자들의 껍질(shell) 및 궤도(orbital)라고 한다. 껍질의 종류는 핵으로부터 가까운 곳에서 멀어지는 순서로 K껍질, L껍질, M껍질, N껍질, O껍질로 표현하며 각 원자마다 전자가 채워진 제일 바깥 껍질을 원자가(valence)라고 하는데 화학결합과 원자들의 특성을 결정지어 준다. 또한 K껍질을 n=1, L껍질을 n=2, M껍질을 n=3이라고 할 때 각 껍질마다 수용할 수 있는 전자의 갯수는 $2n^2$개이다.

원자의 크기는 원자가껍질의 크기이며 양하전된 핵과 음하전된 전자들 간의 인력에 의해 결정된다. 그러나 원자의 실제 크기는 인력에 의한 이론치보다 큰데 그 이유는 핵과 원자가전자 사이에 존재하는 속껍질전자(핵심부전자, core electrons)의 가로막기효과(screen effect, shielding effect)에 의해 유효핵전하(effective nuclear charge)가 감소하기 때문이다.

각 껍질내에는 궤도라고 불리우는 부껍질(subshell)이 존재하는데 전자구름의 형태에 따라 s(sharp), p(principal), d(diffuse), f(fundmental)의 네 가지 형태가 있으며 각 궤도에는 에너지 준위가 같은 궤도가 s는 1개, p는 3개, d는 5개, f는 7개가 존재한다. 아래 그림 1.4와 그림 1.5에 궤도들의 형상을 나타내었다.

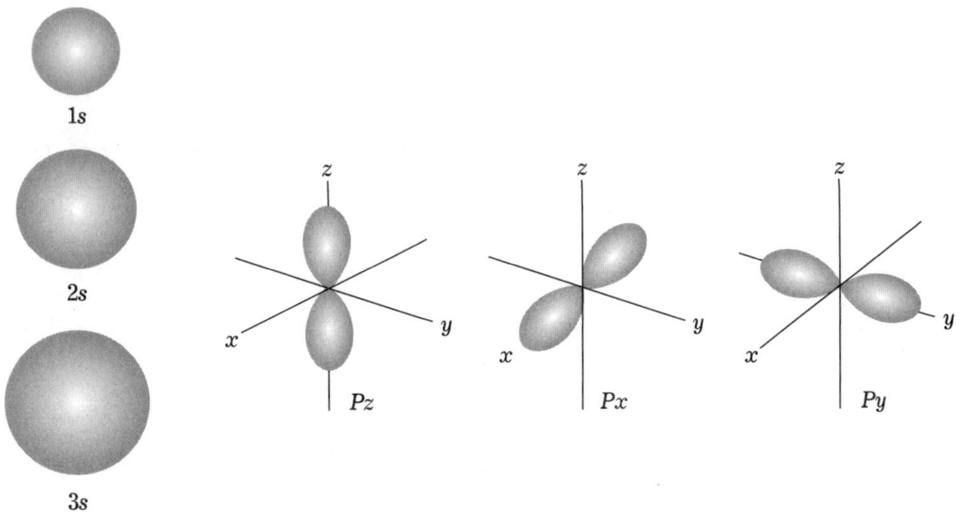

〈그림 1.4 s궤도 및 p 궤도의 형상(전자밀도분포)〉

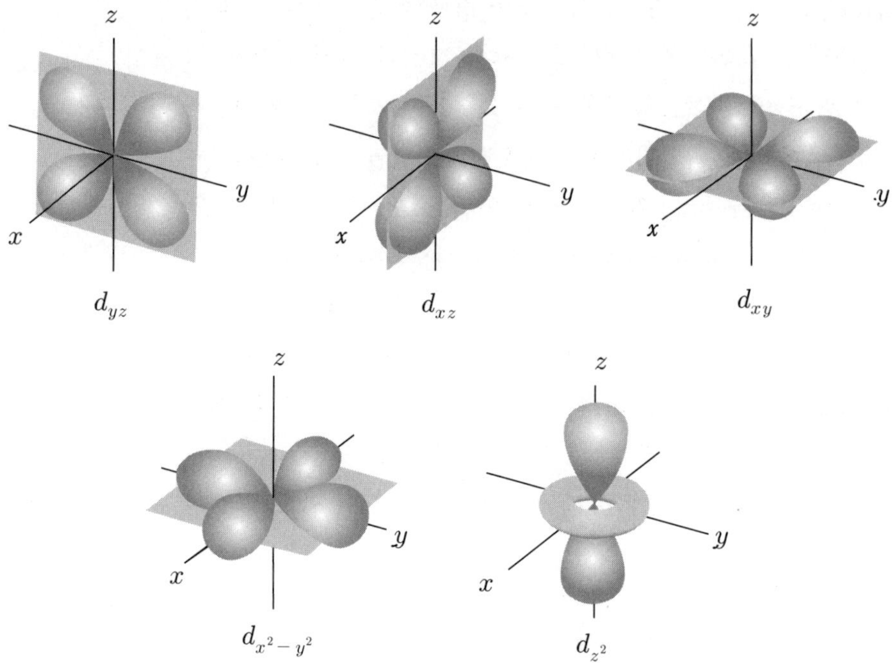

〈그림 1.5 d궤도의 형상 5가지〉

한 원자가 가진 전자 갯수에 따라 원자내 전자가 채워지는 순서는 Aufbau원리와 Hund의 규칙에 의해 정해지며 원자번호 30까지만 나타내면 아래의 순서로 된다.

$$1s^2 2s^2 2p^6 3s^2 3p^6 4s^2 3d^{10} \qquad (식\ 1.1)$$

예로서 $_2He$는 $1s^2$, $_6C$는 $1s^2 2s^2 2p^2$, $_{10}Ne$은 $1s^2 2s^2 2p^6$, $_{13}Al$은 $1s^2 2s^2 2p^6 3s^2 3p^1$, $_{18}Ar$은 $1s^2 2s^2 2p^6 3s^2 3p^6$이다. 단 원자번호 24번 Cr과 29번 Cu는 아래와 같이 예외이다.

$_{24}Cr$: $1s^2 2s^2 2p^6 3s^2 3p^6 4s^2 3d^4 \rightarrow 1s^2 2s^2 2p^6 3s^2 3p^6 4s^1 3d^5$

$_{29}Cu$: $1s^2 2s^2 2p^6 3s^2 3p^6 4s^2 3d^9 \rightarrow 1s^2 2s^2 2p^6 3s^2 3p^6 4s^1 3d^{10}$

표 1.2 원소의 전자배치

원자번호	기호	전자배치	원자번호	기호	전자배치	원자번호	기호	전자배치
1	H	$1s^1$	38	Sr	$[Kr]5s^2$	75	Re	$[Xe]6s^2 4f^{14} 5d^5$
2	He	$1s^2$	39	Y	$[Kr]5s^2 4d^1$	76	Os	$[Xe]6s^2 4f^{14} 5d^6$
3	Li	$[He]2s^1$	40	Zr	$[Kr]5s^2 4d^2$	77	Ir	$[Xe]6s^2 4f^{14} 5d$
4	Be	$[He]2s^2$	41	Nb	$[Kr]5s^1 4d^3$	78	Pt	$[Xe]6s^1 4f^{14} 5d^9$
5	B	$[He]2s^2 2p^1$	42	Mo	$[Kr]5s^1 4d^5$	79	Au	$[Xe]6s^1 4f^{14} 5d^{10}$
6	C	$[He]2s^2 2p^2$	43	Tc	$[Kr]5s^2 4d^5$	80	Hg	$[Xe]6s^2 4f^{14} 5d^{10}$
7	N	$[He]2s^2 2p^3$	44	Ru	$[Kr]5s^1 4d^7$	81	Tl	$[Xe]6s^2 4f^{14} 5d^{10} 6p^1$
8	O	$[He]2s^2 2p^4$	45	Rh	$[Kr]5s^1 4d^8$	82	Pb	$[Xe]6s^2 4f^{14} 5d^{10} 6p^2$
9	F	$[He]2s^2 2p^5$	46	Pd	$[Kr]4d^{10}$	83	Bi	$[Xe]6s^2 4f^{14} 5d^{10} 6p^3$
10	Ne	$[He]2s^2 2p^6$	47	Ag	$[Kr]5s^1 4d^{10}$	84	Po	$[Xe]6s^2 4f^{14} 5d^{10} 6p^4$
11	Na	$[Ne]3s^1$	48	Cd	$[Kr]5s^2 4d^{10}$	85	At	$[Xe]6s^2 4f^{14} 5d^{10} 6p^5$
12	Mg	$[Ne]3s^2$	49	In	$[Kr]5s^2 4d^{10} 5p^1$	86	Rn	$[Xe]6s^2 4f^{14} 5d^{10} 6p^6$
13	Al	$[Ne]3s^2 3p^1$	50	Sn	$[Kr]5s^2 4d^{10} 5p^2$	87	Fr	$[Rn]7s^1$
14	Si	$[Ne]3s^2 3p^2$	51	Sb	$[Kr]5s^2 4d^{10} 5p^3$	88	Ra	$[Rn]7s^2$
15	P	$[Ne]3s^2 3p^3$	52	Te	$[Kr]5s^2 4d^{10} 5p^4$	89	Ac	$[Rn]7s^2 6d^1$
16	S	$[Ne]3s^2 3p^4$	53	I	$[Kr]5s^2 4d^{10} 5p^5$	90	Th	$[Rn]7s^2 6d^2$
17	Cl	$[Ne]3s^2 3p^5$	54	Xe	$[Kr]5s^2 4d^{10} 5p^6$	91	Pa	$[Rn]7s^2 5f^2 6d^1$
18	Ar	$[Ne]3s^2 3p^6$	55	Cs	$[Xe]6s^1$	92	U	$[Rn]7s^2 5f^3 6d^1$
19	K	$[Ar]4s^1$	56	Ba	$[Xe]6s^2$	93	Np	$[Rn]7s^2 5f^4 6d^1$
20	Ca	$[Ar]4s^2$	57	La	$[Xe]6s^2 5d^1$	94	Pu	$[Rn]7s^2 5f^6$
21	Sc	$[Ar]4s^2 3d^1$	58	Ce	$[Xe]6s^2 4f^1 5d^1$	95	Am	$[Rn]7s^2 5f^7$
22	Ti	$[Ar]4s^2 3d^2$	59	Pr	$[Xe]6s^2 4f^3$	96	Cm	$[Rn]7s^2 5f^7 6d^1$
23	V	$[Ar]4s^2 3d^3$	60	Nd	$[Xe]6s^2 4f^4$	97	Bk	$[Rn]7s^2 5f^7$
24	Cr	$[Ar]4s^1 3d^5$	61	Pm	$[Xe]6s^2 4f^5$	98	Cf	$[Rn]7s^2 5f^{10}$
25	Mn	$[Ar]4s^2 3d^5$	62	Sm	$[Xe]6s^2 4f^6$	99	Es	$[Rn]7s^2 5f^{11}$
26	Fe	$[Ar]4s^2 3d^6$	63	Eu	$[Xe]6s^2 4f^7$	100	Fm	$[Rn]7s^2 5f^{12}$
27	Co	$[Ar]4s^2 3d^7$	64	Gd	$[Xe]6s^2 4f^7 5d^1$	101	Md	$[Rn]7s^2 5f^{13}$
28	Ni	$[Ar]4s^2 3d^8$	65	Tb	$[Xe]6s^2 4f^9$	102	No	$[Rn]7s^2 5f^{14}$
29	Cu	$[Ar]4s^1 3d^{10}$	66	Dy	$[Xe]6s^2 4f^{10}$	103	Lr	$[Rn]7s^2 5f^{14} 6d^1$
30	Zn	$[Ar]4s^2 3d^{10}$	67	Ho	$[Xe]6s^2 4f^{11}$	104	[104]	$[Rn]7s^2 5f^{14} 6d^2$
31	Ga	$[Ar]4s^2 3d^{10} 4p^1$	68	Er	$[Xe]6s^2 4f^{12}$	105	[105]	$[Rn]7s^2 5f^{14} 6d^3$
32	Ge	$[Ar]4s^2 3d^{10} 4p^2$	69	Tm	$[Xe]6s^2 4f^{13}$	106	[106]	$[Rn]7s^2 5f^{14} 6d^4$
33	As	$[Ar]4s^2 3d^{10} 4p^3$	70	Yb	$[Xe]6s^2 4f^{14}$	107	[107]	$[Rn]7s^2 5f^{14} 6d^5$
34	Se	$[Ar]4s^2 3d^{10} 4p^4$	71	Lu	$[Xe]6s^2 4f^{14} 5d^1$	108	[108]	$[Rn]7s^2 5f^{14} 6d^6$
35	Br	$[Ar]4s^2 3d^{10} 4p^5$	72	Hf	$[Xe]6s^2 4f^{14} 5d^2$	109	[109]	$[Rn]7s^2 5f^{14} 6d^7$
36	Kr	$[Ar]4s^2 3d^{10} 4p^6$	73	Ta	$[Xe]6s^2 4f^{14} 5d^3$			
37	Rb	$[Kr]5s^1$	74	W	$[Xe]6s^2 4f^{14} 5d^4$			

1.4.5 양자수

양자수(quantum number)는 원자내 배치된 전자들의 구분을 위한 주소와 소속을 정한 것이다. 양자수는 주양자수(principal quantum number, n), 방위양자수(azimuthal quantum number, ℓ) 자기양자수(magnetic quantum number, M_ℓ) 및 스핀양자수(spin quantum number, M_s)의 네 가지가 있으며 다음과 같이 구분한다.

주양자수(n) : 1 (K껍질), 2 (L껍질), 3 (M껍질), …

ex) ls : n=1, 2s,2p : n=2, 3s,3p,3d : n=3

방위양자수(ℓ) : 0 (s궤도), 1 (p궤도), 2 (d궤도), 3 (f궤도)

ex) ls : ℓ=0, 2s : ℓ=0, 4p : ℓ=1, 3d : ℓ=2

자기양자수(M_ℓ) : $-\ell$ ~ 0 ~ $+\ell$

ex) 모든 s궤도 : $M_\ell=0$

p궤도: — — —, d궤도: — — — — —

M_ℓ : -1 0 +1 M_ℓ : -2 -1 0 +1 +2

스핀양자수(M_s) : $+\frac{1}{2}$ 또는 $-\frac{1}{2}$

ex) $M_s=\frac{1}{2}$ ↑, $M_s=-\frac{1}{2}$ ↓

예제 1-1 원자번호 13인 알루미늄 원자에서 마지막으로 채워진 전자의 양자수를 4자리로 표시하라.

풀이 $_{13}Al: 1s^22s^22p^63s^23p^1$ 이므로 $3p^1$ 전자를 가르킨다.

$3p^1$ 전자의 양자수는 3p에서 n=3, ℓ =1을 알 수 있고 3개의 p궤도 중 첫 번째이므로 M_ℓ=−1이며 한 개의 전자이므로 스핀양자수는 위로 스핀 하는 $+\frac{1}{2}$ 이 된다.

정답 (3, 1, -1, $+\frac{1}{2}$)

Pauli의 배타원리(exclusive principle)는 한 원자내 4가지 양자수가 동일한 전자는 두 개가 존재할 수 없다는 것이어서 양자수의 결정은 전자배치와 구분에 이용된다.

1.4.6 전기음성도

원자들의 성질 중 주위 화학종으로부터 전자를 당기는 성향은 서로 다르며 이 크기를 전기음성도(electronegativity)라고 한다. 대개의 공유결합에 있어서 공유결합을 형성하는 두 원자간의 공유전자를 당기는 경향의 차이로 인해 극성공유결합이 형성된다. 전기음성도는 각 원소들이 가지는 고유한 값으로서 플루오르(F)가 4.0으로 가장 크고 산소(O) 3.5, 염소(Cl) 3.0 등의 값을 가진다.

H 2.1																
Li 1.0	Be 1.5											B 2.0	C 2.5	N 3.1	O 3.5	F 4.0
Na 1.0	Mg 1.3											Al 1.5	Si 1.8	P 2.1	S 2.5	Cl 3.0
K 0.9	Ca 1.1	Sc 1.2	Ti 1.3	V 1.5	Cr 1.6	Mn 1.6	Fe 1.7	Co 1.7	Ni 1.8	Cu 1.8	Zn 1.7	Ga 1.8	Ge 2.0	As 2.2	Se 2.4	Br 2.8
Rb 0.9	Sr 1.0	Y 1.1	Zr 1.2	Nb 1.3	Mo 1.3	Tc 1.4	Ru 1.4	Rh 1.4	Pd 1.5	Ag 1.4	Cd 1.5	In 1.5	Sn 1.7	Sb 1.8	Te 2.0	I 2.2
Cs 0.9	Ba 0.9	La 1.1	Hf 1.2	Ta 1.4	W 1.4	Re 1.5	Os 1.5	Ir 1.6	Pt 1.5	Au 1.4	Hg 1.5	Tl 1.5	Pb 1.6	Bi 1.7	Po 1.8	At 2.0
Fr 0.9	Ra 0.9	Ac 1.0	Lanthanides : 1.0 ~ 1.2 Actinides : 1.0 ~ 1.2													

그림 1.6 원소들의 전기 음성도

1.5 주기율표

109개의 원소들을 화학적 특성과 크기에 따라 배열한 도표가 주기율표(periodic table)이다. 현대적인 주기율표의 구성에는 D. Mendeleev의 역할이 매우 컸다.

1.5.1 족과 주기

주기율표의 세로 줄을 족(group)이라 하고 가로 줄을 주기(period)라 한다. 족은 로마숫자 Ⅰ부터 Ⅷ까지로 표현하거나 아라비아 숫자 1~18로 표현하며 주기는 아라비아 숫자 1~7로 구분한다. 동일 족 내의 원소들은 화학적 특성이 유사하고 아래쪽으로 내려갈수록 원자번호가 증가함에 따라 많은 전자들을 수용하기 위해 새로운 바깥 전자껍질을 사용하게 되어 원자의 크기가 커진다. 동일한 주기의 원소들은 동일한 원자가를 사용하므로 원자의 크기가 유사하나 오른쪽으로 갈수록 원자번호가 증가함에 따라 핵과 전자간의 인력증가로 인해 원자의 크기는 약간씩 감소한다. 족은 크게 주족원소(representative element)인 A족과 전이원소(transition element)인 B족으로 구분하며 원자가전자가 s궤도와 p궤도로만 구성되면 A족이고 d궤도가 있으면 B족이다. ⅠA족(1족) 원소들 중 수소를 제외한 원소들은 수용액속에서 물을 알칼리성으로 변화시키므로 알칼리금속(alkari metal)이라 부르며 Be, Mg, Ca 등의 ⅡA족(2족) 원소들은 알칼리금속 중에서도 지각에 풍부하게 존재한다고 하여 알칼리토금속(alkari earth metal)이라 한다. ⅦA족(17족) 원소인 F, Cl, Br, I 등은 할로겐족(halogen group)원소라 부르며 반응성이 매우 큰 반면에 ⅧA(18족)원소들은 0족이라 부르기도 하며 다른 원소들과 화학적 반응성이 없어 불활성기체(noble gas)라고 한다. 일반적으로 주기율표의 왼쪽 원소들은 금속이며 오른쪽은 비금속 원소들이다. 또한 그 경계가 되는 원소들인 B, Si, Ge, As, Sb, Te, Po, At는 준금속(metalloid)이라 불리우며 금속과 비금속의 중간적인 특성을 가진다. 따라서 준금속을 기준으로 하여 왼쪽으로 갈수록 원소들의 금속성이 커지고 그 반대로 오른쪽으로 가면 비금속성이 증가한다.

1A 1	2A 2	3B 3	4B 4	5B 5	6B 6	7B 7	8B 8	8B 9	8B 10	1B 11	2B 12	3A 13	4A 14	5A 15	6A 16	7A 17	8A 18
1 H																	2 He
3 Li	4 Be											5 B	6 C	7 C	8 O	9 F	10 Ne
11 Na	12 Mg											13 Al	14 Si	15 P	16 S	17 Cl	18 Ar
19 K	20 Ca	21 Sc	22 Ti	23 V	24 Cr	25 Mn	26 Fe	27 Co	28 Ni	29 Cu	30 Zn	31 Ga	32 Ge	33 As	34 Se	35 Br	36 Kr
37 Rb	38 Sr	39 Y	40 Zr	41 Nb	42 Mo	43 Tc	44 Ru	45 Rh	46 Pd	47 Ag	48 Cd	49 In	50 Sn	51 Sb	52 Te	53 I	54 Xe
55 Cs	56 Br	57 La	72 Hf	73 Ta	74 W	75 Re	76 Os	77 Ir	78 Pt	79 Au	80 Hg	81 Ti	82 Pb	83 Bi	84 Po	85 At	86 Rn
87 Fr	88 Ra	89 Ac	104	105	106	107	108	109	110	111	112						

58 Ce	59 Pr	60 Nd	61 Pm	62 Sm	63 Eu	64 Gd	65 Tb	66 Dy	67 Ho	68 Er	69 Tm	70 Yb	71 Lu
90 Th	91 Pa	92 U	93 Np	94 Pu	95 Am	96 Cm	97 Bk	98 Cf	99 Es	100 Fm	101 Md	102 No	103 Lr

그림 1.7 원소들의 주기율표

1.5.2 내부전이원소

주기율표 하단에 따로 떼어 놓은 두 개의 주기를 내부전이원소(inner tansition element)라고 하며 원자번호 58~71까지를 란탄계원소(Lanthanides), 원자번호 90~103까지를 악티늄계원소(Actinides)라고 부른다. 이 두 주기의 계열은 모두 원자가에 f궤도가 존재하는 원소들로서 란탄계원소는 희토류원소(rare earth element)라 하고 악티늄계원소는 중희토류원소(heavy rare earth element)라고 부른다. 희토류라는 의미는 지각내 매장량이 희박하다는 것이며 중희토류는 그 중에서도 상대적으로 무거운 원소라는 뜻이다. 전이원소는 모두 금속이므로 전이금속(transition metal) 이라고 부르기도 한다.

1.6 이온

전기적으로 중성이 아닌 원자나 원자단을 이온(ion)이라 하며 양전하를 띤 양이온(cation)과 음전하를 띤 음이온(anion)이 있다. 양이온은 중성 원자의 원자가전자가 원자로부터 일부 이탈되어 생성되고 음이온은 이웃 원자로부터 전자를 가져오므로써 생겨난다.

1.6.1 이온반경과 다원자이온

일반적으로 단원자이온(uniatomic ion)의 경우 양이온은 중성원자에 비해 크기가 작고 음이온은 중성원자에 비해 크다. 이온의 크기를 나타내는 이온반경(ionic radius)은 주기율표에서 원자반경과 유사한 경향을 가지나 양이온의 전하에 따라 큰 차이를 나타내기도 한다.

다원자이온(polyatomic ion)은 두 개 이상의 원자로 구성된 이온을 말하며 다양한 형태의 이온화합물을 형성한다.

표 1.3 몇 가지 다원자 이온

H_3O^+	hydronium ion(히드로늄 이온)	MnO_4^-	permanganate ion(과망간산 이온)
NH_4^+	ammonium ion(암모늄 이온)	CrO_4^{2-}	chromate ion(크롬산 이온)
OH^-	hydroxide ion(수산 이온)	$Cr_2O_7^{2-}$	dichromate ion(중크롬산 이온)
NO_3^-	nitrate ion(질산 이온)	CN^-	cyanide ion(시안 이온)
NO_2^-	nitrite ion(아질산 이온)	$S_2O_3^{2-}$	thiosulfate ion(티오황산 이온)
SO_4^{2-}	sulfate ion(황산 이온)	ClO_4^-	perchlorate ion(과염소산 이온)
SO_3^{2-}	sulfite ion(아황산 이온)	ClO_3^-	chlorate ion(염소산 이온)
CO_3^{2-}	carbonate ion(탄산 이온)	ClO_2^-	chlorite ion(아염소산 이온)
HCO_3^-	bicarbonate ion(중탄산 이온)	ClO^-	hypochlorite ion(하이포아염소산 이온)

1.6.2 이온화에너지와 전자친화도

기체상태의 중성원자로부터 전자 1개를 떼어내 양이온을 만드는 데에 필요한 에너지가 이온화에너지(ionization energy)이며 이와는 반대로 중성원자에 전자를 첨가하여 음이온을 생성시키는데 수반되는 에너지는 전자친화도(electron affinity)이다. 이온화에너지는 생성되는 양이온의 전하에 따라 제1, 제2, 제3 등의 여러 종류가 있으며 이온반경이 작을수록 그 값은 커진다. 따라서 주기율표에서의 경향은 같은 주기에서 오른쪽으로 갈수록, 같은 족에서는 위로 올라갈수록 이온화에너지 값은 증가한다.

표 1.4 몇 가지 원소들의 제1이온화에너지(kJ/mol)

H(1312)							He(2371)
Li(520)	Be(900)	B(800)	C(1086)	N(1402)	O(1314)	F(1681)	Ne(2080)
Na(496)	Mg(738)	Al(577)	Si(786)	P(1012)	S(1000)	Cl(1255)	Ar(1520)

1.6.3 등전자이온

이온내 전자의 갯수가 동일한 이온들을 등전자이온(isoelectronic ion)이라 한다. 예로써 O^{2-}, F^-, Na^+, Mg^{2+}, Al^{3+} 이온들은 모두 10개의 전자를 공통적으로 가지는 등전자이온이다. 단원자로 이루어진 등전자이온은 이온내 동일한 갯수의 전자와는 달리 양성자의 갯수는 각기 다르다. 따라서 원자 번호가 커질수록 핵의 양전하가 증가하여 이온반경은 더욱 작아진다.

1.7 미터법과 SI 단위

국제적으로 통용되는 측정단위는 미터법이며 이 국제표준체계(international system)를 프랑스어 약자로 표현한 것이 SI(systéme international)단위이다.

1.7.1 SI 기본단위

수많은 물리량을 표현하는 SI 단위들 중 가장 기본이 되는 7개의 단위를 기본단위(basic unit)라 한다.

표 1.5 SI 기본단위

물리량	기호	단위
길이(length)	ℓ	m
질량(mass)	m	kg
시간(time)	t	sec
온도(temperature)	T	K
물질의 양(amount of substance)	n	mol
광도(luminous intensity)	Ic	cd
전류(electric current)	I	A

1.7.2 SI 유도단위

기본단위의 조합(combination)으로 구성되는 모든 단위가 유도단위(derived unit)이다. 예로서 면적이라는 유도단위는 기본단위인 길이의 곱으로 만들 수 있고 속도는 길이라는 기본단위를 시간으로 나누면 얻어진다. 이와 같이 대부분의 SI 단위는 유도단위이나 모두 기본단위로부터 만들어 진다.

표 1.6 몇 가지 SI 유도단위

물리량	기호	단위
면적(area)	A	m^2
부피(volume)	V	m^3
속도(velocity)	v	m/sec
가속도(acceleration)	a	m/sec^2
힘(force)	F	$kg \cdot m/sec^2$
압력(pressure)	P	$kg/m \cdot sec^2$
에너지(energy)	E	$kg \cdot m^2/sec^2$
밀도(density)	d	kg/m^3

힘의 단위인 $kg \cdot m/sec^2$은 N(Newton)이며 작은 단위인 $g \cdot cm/sec^2$은 dyne이다. 압력 단위 $kg/m \cdot sec^2$은 Pa(Pascal)이며 관습단위인 1기압(atm)이 101.325kPa에 해당되고 일기예보에 자주 언급되는 hPa(hectopascal)은 Pa의 100배를 나타내는 SI 단위이다. $kg \cdot m^2/sec^2$ 으로 표현되는 에너지 단위는 J(Joule)이며 작은 단위인 erg($g \cdot cm^2/sec^2$)와는 10^7의 차이가 있다.

특정 유도단위를 기본단위로 분해하는 것이 차원해석(dimensional analysis)이다. 차원해석은 복잡한 물리량의 차원을 평가하므로써 물리량 상호간의 비교 가능여부를 제공하며 실제적인 비교도 가능케 한다.

예제 1-2 Newton의 제2운동법칙인 F=m·a를 차원해석을 통해 밝히시오.

풀이 힘(F)의 차원 : kg·m/sec^2 이며

질량(m) × 가속도(a) : kg × m/sec 이므로

정답 힘(F)과 질량(m)×가속도(a)는 동일한 물리량이다.

1.7.3 SI접두사와 단위환산

SI단위의 측정치가 매우 크거나 작을 경우 십진법의 자릿수를 상징하는 접두사를 사용하면 간단하게 표현된다. 유용한 SI 접두사를 다음의 표 1.7에 수록하였다.

표 1.7 유용한 SI 접두사

접두사	10진법 크기	접두사	10진법 크기
da(deka)	10	d(deci)	10^{-1}
h(hecto)	10^2	c(centi)	10^{-2}
k(kilo)	10^3	m(milli)	10^{-3}
M(mega)	10^6	μ(micro)	10^{-6}
G(giga)	10^9	n(nano)	10^{-9}
T(tera)	10^{12}	p(pico)	10^{-12}

측정단위의 국제적인 표준으로 SI단위가 있으나 각 지역마다 관습적으로 사용되는 단위가 있다. 부피의 단위 중 리터(L)는 $1000cm^3$ 이므로 $1m^3$=1000L가 된다.

온도의 표현은 섭씨온도(Celsius scale, ℃), 화씨온도(Fahrenheit scale, °F), 절대온도(Kelvin scale, K)의 세 가지 형태가 있고 각 온도간의 변환은 다음과 같다.

$$℃ = K + 273 \qquad \text{(식 1.2)}$$

$$°F = \frac{9}{5} \times ℃ + 32 \qquad \text{(식 1.3)}$$

$$℃ = \frac{5}{9}(°F - 32) \qquad \text{(식 1.4)}$$

표 1.8 미터단위와 유럽관습 단위

길이	질량	부피
1 mi=1.61km	1 ℓb=454g	1 qt=946mL
1 yd=91.44cm	1 oz=24.35	1 oz=29.57mL
1 ft=30.48cm	1 oz=31.10g(귀금속, 약)	1 pt=0.57L(영)
1 in=2.54cm	1 gr=0.065g	1 ga=4.546L(영)

1.8 유효숫자

측정치를 표현할 때에 신뢰할 수 있는 자릿수가 유효숫자(significant figure)이다. 일반적으로 유효숫자의 갯수는 확실한 자릿수에 반올림에 이용되는 불확실한 마지막 자릿수를 더한 값이다. 0.00567과 567은 모두 유효숫자가 3개이며 십진법의 자릿수는 생략하고 유효숫자의 첫 번 숫자가 십진법의 일자리에 오도록 표기한다.

$$0.00567 \xrightarrow{\text{유효숫자표기}} 5.67 \times 10^{-3}$$

$$567 \xrightarrow{\text{유효숫자표기}} 5.67 \times 10^{2}$$

유효숫자의 계산에서 더하기와 빼기는 소수점 아래 최소 자릿수를 기준으로 하고 곱하기와 나누기는 전체 자릿수에서 최소의 경우가 기준이다. 예를 들어 20.3g, 6.035g, 128.26g 의 세 무게를 합하면 154.595g 이지만 이런 경우 20.3g이 소수점 아래 첫 번 자릿수까지만 있으므로 154.6g 으로 표기한다. 또한 가로, 세로, 높이가 각각 12.8cm, 5.347cm, 0.076cm 인 물체의 부피를 계산하면 5.2015616cm^3 가 되지만 0.076cm의 유효숫자가 두 자리 이므로 5.2cm^3 로 표기해야 한다.

측정값에 대한 평가는 정확도(accuracy)와 정밀도(precision)로 표현하는데 정확도는 참값에 대한 측정치의 일치도를 의미하고 정밀도는 측정치 상호간의 일치도를 나타낸다.

연 습 문 제

1. 원자번호 19번 K의 바닥상태 전자배치를 밝히시오

2. (3, 2, 0, $-\frac{1}{2}$)의 양자수를 가진 전자는 어떤 원소의 마지막으로 채워지는 전자인가?

3. 질소(N)와 인(P)은 어느 원자가 더 큰가? 그 이유는?

4. 원자번호 19인 K는 A족인가 B족인가? 그 이유는?

5. 탄소(C)와 질소(N)중 어느 원소가 전자를 더욱 세게 당길 수 있는가?

6. N^{3-}과 F^{-}는 어느 이온의 크기가 더 큰가? 그 이유는?

7. 압력(P)과 부피(V)의 곱은 어떤 물리량인가?

8. 35in는 몇 cm인가?

9. 95°F는 절대온도 몇 도인가?

10. 2ga과 10L는 어느 쪽이 큰 부피인가?

제2장 화학결합

원자들로부터 다양한 물질들의 생성을 가능케 하는 모든 화학적 인력이 화합결합이며 원자간 상호작용인 분자내결합(intramolecular bond)과 분자간 상호작용인 분자간인력(intermolecular interaction)이 있다.

2.1 분자내결합

분자내결합은 한 분자를 구성하는 원자들간의 화학적 결합이며 이온결합, 공유결합, 배위(공유)결합, 금속결합의 네 종류로 구분한다.

2.1.1 이온결합

이온결합(ionic bond)은 양이온과 음이온이 정전기적인 인력에 의해 결합하는 것으로서 금속원소와 비금속원소 간에 형성된다.

이온결합에 의해 생성된 화합물이 이온화합물(ionic compound)인데 염(salt)이라고도 하며 녹는점(melting point, m.p)과 끓는점(boiling point, b.p)이 다른 화합물들에 비해 높은 편이다.

$$\underset{\text{양이온}}{Na^{+}} \quad + \quad \underset{\text{음이온}}{Cl^{-}} \quad \rightarrow \quad \underset{\text{염}}{NaCl} \qquad \text{(식 2.1)}$$

이온결합의 추진력인 정전기적인 힘은 두 전하의 크기에 비례하고 이온간 거리의 제곱에 반비례한다.

2.1.2 공유결합

공유결합(covalent bond)은 원자가전자를 공유하는 비금속 원자간 결합이다. 모든 원자들은 8개의 원자가전자를 가질 때 안정하므로 원자들은 이를 위해 필요한 만큼의 원자가전자를 서로 간에 공유하게 된다. (팔전자계규칙, octet rule)

원자가전자를 점으로 나타낸 Lewis 기호와 이를 분자에 적용한 Lewis구조는 공유결합의 과정을 표현하는데 유용하다.

$$H\cdot + \cdot H \rightarrow H:H \rightarrow H-H \qquad \text{(식 2.2)}$$

$$:\overset{\cdot\cdot}{\underset{\cdot\cdot}{Cl}}\cdot + \cdot\overset{\cdot\cdot}{\underset{\cdot\cdot}{Cl}}: \rightarrow :\overset{\cdot\cdot}{\underset{\cdot\cdot}{Cl}}:\overset{\cdot\cdot}{\underset{\cdot\cdot}{Cl}}: \rightarrow :\overset{\cdot\cdot}{\underset{\cdot\cdot}{Cl}}-\overset{\cdot\cdot}{\underset{\cdot\cdot}{Cl}}: \qquad \text{(식 2.3)}$$

$$H\cdot + \cdot\overset{\cdot\cdot}{\underset{\cdot\cdot}{Cl}}: \rightarrow H:\overset{\cdot\cdot}{\underset{\cdot\cdot}{Cl}}: \rightarrow H-\overset{\cdot\cdot}{\underset{\cdot\cdot}{Cl}}: \qquad \text{(식 2.4)}$$

공유결합은 다이아몬드와 같이 삼차원적인 결합을 형성할 수 있을 뿐만 아니라 이중결합(double bond)이나 삼중결합(triple bond)과 같은 다중결합(multiple bond)도 가능하여 공유화합물은 다른 화합물에 비해 상대적인 강도가 크다.

$$\underset{..}{\ddot{O}}: + :\underset{..}{\ddot{O}} \rightarrow \underset{..}{\ddot{O}}::\underset{..}{\ddot{O}} \xrightarrow{\text{이중결합}} \underset{..}{\ddot{O}} = \underset{..}{\ddot{O}} \qquad (\text{식 } 2.5)$$

$$\cdot\underset{\cdot}{\dot{N}}: + :\underset{\cdot}{\dot{N}}\cdot \rightarrow :N\vdots\vdots N: \xrightarrow{\text{삼중결합}} :N \equiv N: \qquad (\text{식 } 2.6)$$

다중결합에는 전자구름이 z축방향으로 겹쳐지는(overlaped) σ결합(σ bond)이 단 1개 있으며 나머지는 모두 π결합(π bond)이다. 공유결합은 공유전자들의 쏠림현상에 의해 극성분자가 생성되는 극성공유결합과 전자들의 쏠림현상이 없는 무극성공유결합이 있다. 대부분의 극성공유결합은 결합하는 원자 상호간의 전기음성도 차이에 의해 발생하므로 동종원자간 공유결합은 모두 무극성이나 서로 다른 원자간 공유결합에서는 전기음성도가 큰 원자가 약하나마 음전하를 띠고(δ^-) 그 상대원자는 약한 양전하를 띤다(δ^+). 따라서 한 분자내 약한 한 쌍의 극이 형성되어 이온결합적 특성이 부분적으로 나타나는 공유결합을 극성공유결합이라 한다. 공유결합된 분자내 각 원자들의 외형적 전하를 형식전하(formal charge)라 하며 다음의 관계를 이용해 계산한다.

형식전하 = 족 번호 - (결합의 갯수 + 비공유전자의 갯수)

예로서 식 2.5와 식 2.6에서 산소분자내 산소원자와 질소분자내 질소원자의 형식전하는 각각 6-(2+4)=0, 5-(3+2)=0이다. 그러나 암모늄이온(NH_4^+)에서 질소원자의 경우에는 5-(4+0)=+1이 된다.

2.1.3 배위결합

배위공유결합(coordinated covalemt bond)은 공유결합의 특별한 한 형태로서 간단히 배위결합이라 한다. 일반적인 공유결합과는 다르게 결합하는 두 주체중 한쪽에서 결합에 필요한 전자쌍을 모두 내어놓고 이를 공유하는 결합형태이다. 이때 전자쌍을 제공하는 화학종을 배위자(ligand, L)또는 리간드라고 하는데 그 종류는 매우 다양하다. 리간드로부터 공유할 전자를 받는 화학종은 대개 금속원소이므로 배위화합물을 유기금속화합물(organometallic compound)이라고 하며 그 구조가 복잡하다고 하여 착물(complex)이라고 부르기도 한다.

$$M + n : L \xrightarrow{\text{배위결합}} M : L_n \qquad (\text{식 } 2.7)$$

대부분의 착물은 분자내 전자들의 이동이 d궤도간에 이루어질 수 있어(d-d transition)에 따라 가시광선의 일부를 흡수하여 고유한 색깔을 나타내는 특성이 있다.

표 2-1 대표적인 몇 가지 리간드

화학종	물질명	리간드명
H_2O	물	aqua
NH_3	암모니아	ammine
CO	일산화탄소	carbonyl
NO	일산화질소	nitrosyl
F^-	플루오르이온	fluoro
CN^-	시아노이온	cyano
SCN^-	티오시안화이온	thiocyanato
Cl^-	염소이온	chloro
OH^-	수산화이온	hydroxo
ONO^-	니트리토이온	nitrito
NO_2^-	아질산이온	nitro
$NH_2CH_2CH_2NH_2$	에틸렌디아민	ethylenediamine(en)

리간드 중에서는 EDTA(ethylenediaminetetraaceticacid)와 같이 분자의 크기가 크고 배위결합에 필요한 전자쌍을 한 분자 내에 두 개 이상 제공할 수 있는 것이 있다. 이를 킬레이트

제(chelating agent)라고 하며 좋은 리간드로서 작용하고 때로는 중금속 치료제로도 사용되는데 인체 내에서 중금속과 반응하여 배위화합물의 형태로 중금속을 체외로 배출시킨다.

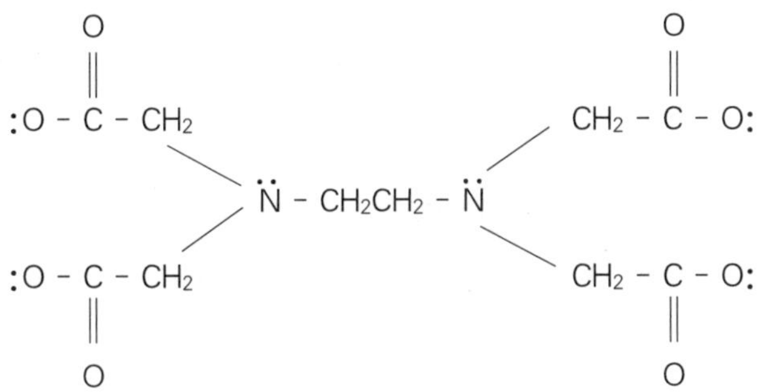

그림 2.1 EDTA 분자의 구조

2.1.4 금속결합

금속결합(metallic bond)은 규칙적인 배열로 결정내 격자점을 점유하고 있는 금속양이온 사이를 자유전자(free electron)가 위치하므로써 형성되는 인력이다.

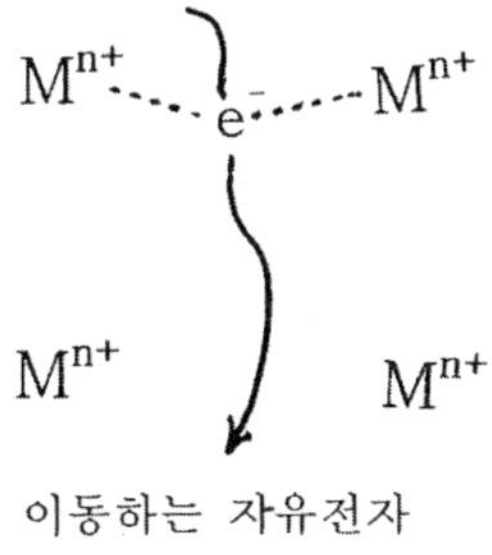

그림 2.2 금속결합의 형성

2.2 분자간인력

분자상호간의 인력은 이중극자-이중극자 상호작용(dipole-dipole interaction), 수소결합(hydrogen bond), 런던힘(London force)의 3가지 형태가 있으며 그 중 수소결합의 세기가 가장 크지만 분자내결합인 공유결합의 $\frac{1}{20}$ 정도이다.

분자간인력의 세기는 분자내결합에 비해 약하지만 물질의 상전이를 결정짓는 중대한 요인으로 작용하여 분자간 인력이 클수록 액체가 기체로 증발하기 어려우며 끓는점도 상승한다. 세 가지 형태의 분자간인력을 넓은 의미의 반데르발스힘(Van der Waals force)이라고도 한다.

2.2.1 이중극자-이중극자 상호인력

이 인력은 분자를 구성하는 원자들의 전기음성도 차이와 구조적 특성으로 인해 형성된 영구(permanent)이중극자와 영구이중극자 사이의 약한 힘이다. 대부분의 극성분자간 인력이 여기에 속한다.

그림 2.3 이중극자-이중극자 상호인력

2.2.2 수소결합

수소결합은 이중극자-이중극자 상호작용의 특별한 한 형태로서 전기음성도가 작은 수소원자가 상대적으로 전기음성도가 큰 원자인 플루오르(F), 산소(O), 질소(N)와 공유결합한 분자간에 생기는 가장 강한 분자간인력이다. 대표적인 예로서 HF와 H_2O가 있으며 끓는 온도가 특별히 높다.

2.2.3 런던힘

분자간인력의 종류 중에서 세기가 가장 약한 힘인 런던힘은 분산력(dispersion force)이라고도 하며 기름과 같은 무극성분자간 인력에서 가장 잘 볼 수 있다. 이 힘은 분자들의 진동운동과 전자들의 순간적인 쏠림현상(localization)에 의해 생긴 순간이중극자(instaneous dipole)와 인접의 유도이중극자(induced dipole)사이에 형성되는 인력이다.

그림 2.4 런던힘

런던힘은 분자내 전자의 갯수에 비례하므로 분자의 크기가 클수록 강하다. 따라서 유류의 경우 탄소원자의 갯수가 많을수록 분자 크기도 크고 런던힘도 강해 끓는점이 높아진다.

2.3 VSEPR이론

원자가껍질전자쌍반발(valence shell electron pair repulsion, VSEPR)이론은 공유결합화합물에서 분자들의 공간적인 형태를 설명하는 모델이다. 즉 전자쌍과 전자쌍은 서로 간에 반발하므로 반발력이 최소가 되는 형태로 분자의 삼차원적인 구조가 결정된다는 것이다. 만약 중심원자 주위에 두개의 전자쌍이 존재한다면 두 전자쌍이 일직선상의 반대편에 위치하여야 반발력이 최소가 되며 결합각은 180°가 된다. VSEPR이론으로 구분하는 분자형태는 크게 5가지가 있다.

표 2.2 VSEPR이론과 5가지 분자모델

전자쌍 갯수	형태	공간적 구조	결합각	예
2	AB_2	직선형(linear)	180°	BeH_2
3	AB_3	평면삼각형(trigonal planar)	120°	BF_3
4	AB_4	정사면체(tetrahedral, td)	109.5°	CH_4
5	AB_5	삼각쌍뿔(trigonalbipyramid, tbp)	90°, 120°, 180°	PCl_5
6	AB_6	정팔면체(octahedral, oh)	90°, 180°	SF_6

공유결합화합물에는 결합에 참여한 공유전자이외에도 결합에 참여하지 않는 비공유전자들이 있다. 전자쌍 상호간의 반발력은 동일하지 않아서 결합전자쌍(bonding pair, b.p)상호간의 반발력이 가장 약하고 비공유전자쌍(lone pair, l.p)끼리의 반발력은 가장 강하다.

b.p-b.p 반발력 〈b.p-l.p 반발력〈l.p-l.p 반발력

따라서 중심원자 주위에 4개의 전자쌍을 가진 CH_4, NH_3, H_2O 분자들의 결합각은 동일하지 않고 각각 109°, 107°, 105°

를 나타낸다. 그 이유는 CH_4분자의 경우 탄소원자에는 4개의 전자쌍이 모두 결합전자쌍이나 NH_3의 경우 질소 원자에는 3개의 결합전자쌍과 1개의 비공유전자쌍이, H_2O의 경우 산소원자에는 2개의 결합전자쌍과 2개의 비공유전자쌍이 존재하여 전자쌍 상호간의 반발력이 서로 다르기 때문이다.

2.4 혼성궤도

공유결합에 참여하는 원자들의 궤도는 순수한 s, p, d, f 궤도뿐만 아니라 이런 궤도들이 섞여진 혼성궤도(hybrid orbital)가 사용될 수도 있다. 혼성은 각 궤도들이 가진 고유한 전자밀도의 형태와 에너지 수준이 모두 바뀌는 것을 의미한다.

표 2.3 대표적인 혼성궤도

종류	동일준위 궤도수	특성	예
sp혼성	2	s charactor 50% p charactor 50%	BeH_2 의 Be
sp^2혼성	3	s charactor 33.3% p charactor 66.6%	BH_3의 B, C_2H_2의 C
sp^3혼성	4	s charactor 25% p charactor 75%	CH_4의 C
dsp^3혼성	5	s charactor 20% p charactor 60% d charactor 20%	PCl_5의 P
d^2sp^3혼성	6	s charactor 17% p charactor 50% d charactor 33%	SF_6의 S

2.5 결합강도

화학결합의 강도는 일반적으로 인력이 작용하는 두 화학종사이에 존재하는 전자밀도에 비례한다. 실제적인 결합강도(bond strength)는 결합차수(bond order), 결합에너지(bond energy), 결합길이(bond length)로 판단할 수 있는데 결합주체간 전자밀도를 상징하는 결합차수는 단일결합(single bond)을 1차, 이중결합(double bond)을 2차, 삼중결합(triple bond)을 3차로 표현하며 차수가 클수록 결합의 강도가 크다.

결합에너지는 결합을 깨뜨리는데 필요한 최소에너지를 의미하므로 결합에너지의 크기가 클수록 결합도 강하다. 결합길이는 결합하는 두 원자간의 거리를 나타내는 것이어서 결합길이가 클수록 전자밀도는 낮아지므로 결합력은 오히려 약하다.

표.2.4 몇 가지 결합의 평균결합길이(average bond length, 10^{-10}m)

C-C	1.54	N-N	1.45	C-H	1.10
C=C	1.34	N=N	1.25	N-H	1.01
C≡C	1.20	N≡N	1.10	O-H	0.96
C-O	1.43	N-O	1.43	C-N	1.47
C=O	1.20	N=O	1.18	C≡N	1.16

2.6 분자궤도

화학결합에 의해 원자들로부터 분자가 생성되면 전자들의 궤도도 달라진다. 1s, 2s, 2p,…등과 같은 원자궤도(atomic orbital, AO)는 사라지고 σ_{1s}, σ^*_{1s}, σ_{2s}, σ^*_{2s}… 와 같은 분자궤도(molecular orbital, MO)가 새롭게 생성된다. 따라서 한 분자내 모든 전자들은 새로 생성된 분자궤도에 따라 순서대로 채워지고 결합궤도(bonding orbital)와 반결합궤도(antibonding orbital, *로표시)간의 에너지적 상쇄에 의해 최종적인 결합차수가 결정된다. 분자내 전자가 채워지는 분자궤도의 일반적 순서는 다음과 같다.

$$\sigma_{1s}^2 \quad \sigma_{1s}^{*2} \quad \sigma_{2s}^2 \quad \sigma_{2s}^{*2} \quad \sigma_{2p_z}^2 \; \pi_{2p_{x,y}}^4 \; \pi_{2p_{x,y}}^{*4} \; \sigma_{2p_z}^{*2} \; \cdots \qquad (식\ 2.1)$$

예를 들어 분자내 전자 갯수가 2개인 수소분자는 σ_{1s}분자궤도에 2개의 전자가 채워지므로써 σ결합 1개가 형성되어 수소원자간 결합은 단일결합이다. 참고로 화학결합에서 한 쌍의 결합전자(2개의 결합전자)는 항상 1개의 결합을 형성한다. 분자내 총 전자의 갯수가 16개인 산소분자에서는 σ_{1s}궤도로부터 시작하여 $\pi_{2p_{x,y}}^*$궤도에 2개의 전자가 채워지기까지 16개의 전자가 순서대로 채워진다. 이 경우 결합궤도인 σ_{1s}^2, σ_{2s}^2, $\pi_{2p_{x,y}}^4$의 전자들은 반결합궤도인 σ_{1s}^{*2}, σ_{2s}^{*2}, $\pi_{2p_{x,y}}^{*2}$에 의해 에너지적으로 상쇄되고 결국 $\sigma_{2p_z}^2$와 $\pi_{2p_{x,y}}^2$만 남는다. 따라서 산소분자는 두개의 산소원자가 1개의 σ결합과 1개의 π 결합을 형성하는 이중결합임을 알 수 있다.

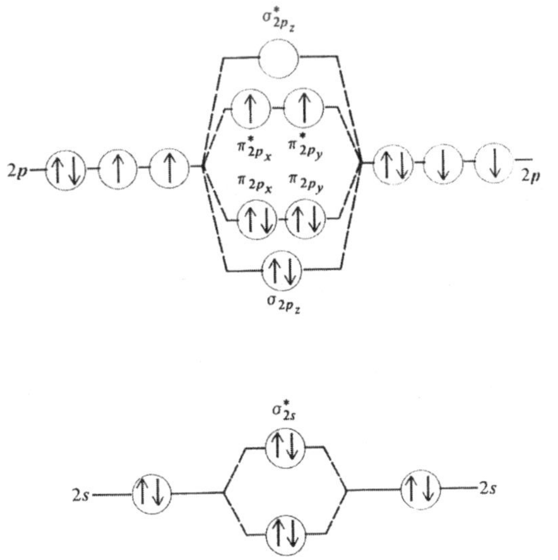

그림 2.5 O_2 분자의 분자궤도

2.7 상자성과 반자성

물질이 자체적으로 자성을 띠어 외부자장에 늘 영향을 받으면 이를 상자성(paramagnetic)이라 하고 그렇지 않는 경우를 반자성(diamagnetic)이라 한다. 물질의 상자성은 분자궤도내 전자배치에 의해 결정되며 분자궤도내 전자들 중 짝짓지 않은 전자(unpaired electron)가 한 개라도 있으며 그 물질은 상자성이 되고 반면에 모든 전자들이 분자궤도 내에서 모두 짝을 이루면 반자성이 된다. 또한 상자성분자들 가운데에도 짝짓지 않은 전자가 많을수록 상자성은 상대적으로 강해진다. 그림 2.1에서 산소분자의 경우 16개의 전자들 중 14개는 모두 분자궤도내 모든 궤도들에 짝을 이루어 채워지고 최종적으로 남은 $\pi^*_{2p_{x,y}}$ 궤도의 2개의 전자는 $\pi^*_{2p_x}$와 $\pi^*_{2p_y}$궤도에 각각 1개씩 채워지므로써 상자성을 띤다. (분자궤도에서도 1개의 궤도에는 2개의 전자가 채워질 수 있으나 에너지 준위가 동일한 두 개의 궤도가 있으면 각각의 궤도에 1개씩 전자가 먼저 채워진다.)

예제 2-1 공기 중 질소(N_2)기체의 결합차수와 상자성 여부를 밝히시오.

풀이 N_2의 총 전자갯수는 7 × 2 = 14개이므로 분자궤도의 전자배치는 다음과 같다.

$\sigma_{1s}^2\ \ \sigma_{1s}^{*2}\ \ \sigma_{2s}^2\ \ \sigma_{2s}^{*2}\ \ \sigma_{2p_z}^2\ \pi_{2p_{x,y}}^4$

따라서 에너지적으로 상쇄되고 남은 궤도는 $\sigma_{2p_z}^2$, $\pi_{2p_{x,y}}^4$이므로 σ 결합이 1개, π 결합이 2개이다. 결국 삼중결합이며 결합차수는 3차. 또한 모든 궤도가 모두 짝을 이룬 전자로 채워졌으므로 반자성이다.

정답 3차, 반자성

연 습 문 제

1 질소(N)원자와 알루미늄(Al)원자의 Lewis기호를 나타내시오.

2 이온결합에서 두 이온간의 거리가 두 배가 되면 결합력은 어떻게 되는가?

3 탄소(C)원자의 원자가전자는 몇 개인가?

4 이산화탄소(CO_2)분자의 Lewis 구조를 나타내시오.

5 폐광에서 침출된 중금속 광산폐수는 독특한 색깔을 띤다. 그 이유는?

6 C_6H_{14}(헥세인)과 C_8H_{18}(옥테인)은 어느 쪽이 증발하기 쉬운가?

7 H_2S와 H_2O는 어느쪽의 끓는점이 높은가?

8 킬레이트제와 결합된 금속은 왜 체외로 배출되는가?

9 일산화탄소(CO)의 결합차수를 분자궤도를 통해 결정하시오.

10 일산화질소(NO)의 상자성 여부는?

제3장 물질의 명명

수많은 물질들의 명칭이 학문적으로 일정한 규칙아래 정해진다. 본 장에서는 크게 무기화합물, 유기화합물, 배위화합물, 할로겐소화약제로 구분하여 일상생활에서 만날 수 있는 대부분의 물질들에 대해 이름을 정하는 방법을 소개하고자 한다.

3.1 무기화합물의 명명

무기화합물은 탄소(C)와 수소(H)가 주성분이 아닌 물질들을 가리키며 유기생명체와 무관한 분자라는 어원을 가진다. 무기화합물은 분자생성시의 결합방식에 따라 크게 이온화합물과 공유화합물로 나눌 수 있으며 여기서는 산(acid)과 염기(base)분자들에 대한 명명법도 포함하여 함께 정리하였다.

무기화합물 명명법에서 공통적인 규칙은 결합주체들의 명명순서를 정하는 것이다. 일반적으로 한글명으로 표기시 화학식의 앞쪽 화학종을 뒤에 부르고 뒤쪽 화학종을 먼저 표현하며 국제적으로 통용되는 영문표기의 경우에는 순서가 반대로 된다. 예를 들어 Na(나트륨, sodium)와 Cl(염소, chlorine)이 결합하여 NaCl을 형성하면 염화나트륨 또는 sodium chloride로 표현한다. 이 같은 규칙은 무기화합물의 명명에서 가장 보편적인 것이다.

3.1.1 이온화합물의 명명

이온화합물은 이온간의 결합으로 생성되므로 이온들의 이름을 알면 화합물의 이름도 쉽게 결정된다. 아래 표 3.1과 표 1.3의 이온 이름들을 이용하여 이온화합물의 이름을 정해보자.

표 3.1 몇 가지 단원자 이온들

Na^+ 나트륨 이온(sodium ion)	F^- 플루오르 이온(fluoride)
K^+ 칼륨 이온(potassium ion)	Cl^- 염소이온(chloride)
Li^+ 리튬 이온(lithium ion)	Br^- 브롬이온(bromide)
Ca^{2+} 칼슘 이온(calcium ion)	I^- 요오드 이온(iodide)
Mg^{2+} 마그네슘 이온(magnesium ion)	O^{2-} 산소이온(oxide)
Fe^{2+} 제1철이온(ferrous ion)	S^{2-} 황이온(sulfide)
Fe^{3+} 제2철이온(ferric ion)	O_2^{2-} 과산화이온(peroxide)
Cu^{+1} 제1구리이온(cuprous ion)	N^{3-} 질소이온(nitride)
Cu^{2+} 제2구리이온(cupric ion)	P^{3-} 인이온(phosphide)

1. 한글명의 경우 원소를 의미하는 음이온의 '소'자를 '화'로 바꾼후 양이온의 명칭을 부른다.

   NaF 플루오르화나트륨(sodium fluoride)
   KCl 염화칼륨(potassium chloride)
   MgO 산화마그네슘(magnesium oxide)
   CaS 황화칼슘(calcium sulfide)

2. 이온화합물은 전기적으로 중성이므로 양이온과 음이온의 전하는 합하여 0이 되어야 하고 이에 따른 이온의 갯수는 명명하지 않는다.

$MgCl_2$ 염화마그네슘(magnesium chloride)
※ 이염화마그네슘 (×)

Na_2O 산화나트륨(sodium oxide)
※ 산화이나트륨 (×)

3. 다원자이온의 경우 이온의 종류별로 명명한다. (표1.3 참조)

$(NH_4)_2SO_4$ 황산암모늄(ammonium sulfate)
$Ca(HCO_3)_2$ 중탄산칼슘(calciumbicarbonate)
$KMnO_4$ 과망간산칼륨(potassium permanganate)
$Ca(ClO_2)_2$ 아염소산칼슘(calcium chlorite)

4. 양전하의 형태가 두 개 이상인 양이온은 산화상태를 괄호 속에 로마숫자로 표기하거나 제일, 제이와 같은 서수형의 이온명을 표기한다.

$Fe(OH)_2$ 수산화철(Ⅱ) iron(Ⅱ)hydroxide
또는 수산화제1철 ferrous hydroxide

$Fe(CN)_3$ 시안화철(Ⅲ) iron(Ⅲ)cyanide
또는 시안화제2철 ferric cyanide

Cu_2CrO_4 크롬산 구리(Ⅰ) copper(Ⅰ)chlomate
또는 크롬산제1구리 cuprous chlormate

예제 3-1 티타늄(Ti)의 산화상태는 +2, +4 의 두 가지 이다. $TiCl_4$의 이름은?

풀이 염소이온의 전하가 −1 이므로 티타늄이온의 전하는 +4이다.
그러므로 염화 티타늄(Ⅳ) titanium(Ⅳ)chloride 또는
염화제2티타늄 titanicchloride 로 명명할 수 있다.

정답 염화티타늄(Ⅳ) 또는 염화제2티타늄

예제 3-2 표 1.3와 표 3.1을 참고로 하여 다음 이온화합물을 명명하시오.

a) Na_2O_2 b) Fe_2O_3 c) $K_2Cr_2O_7$ d) $NaClO_4$

정답 a) 과산화나트륨(sodiumperoxide)
b) 산화철(Ⅲ)(iron(Ⅲ)oxide) 또는 산화제2철(ferric oxide)
c) 중크롬산칼륨(potassiumdichlomate)
d) 과염소산나트륨(sodiumperchlorate)

예제 3-3 표 1.3와 표 3.1을 참고로 하여 다음 물질의 화학식을 나타내시오.

a) 염화제1철 b) potassiumsulfide c) 아질산칼슘 d) ammonium thiosulfate

정답 a) $FeCl_2$ b) K_2S c) $Ca(NO_2)_2$ d) $(NH_4)_2S_2O_3$

3.1.2 공유화합물의 명명

공유화합물의 명명은 이온화합물에서의 방법과 유사하지만 결합하는 원자들의 갯수를 모두 구체적으로 불러 주어야 한다. 원자들의 갯수는 표 3.1 과 같이 부른다.

표.3.1 화학식에서의 갯수 표현

1	mone	6	hexa
2	di	7	hepta
3	tri	8	octa
4	tetra	9	nona
5	penta	10	deca

예를들어 CO_2는 이산화탄소(carbondioxide)이며 N_2O_5는 오산화이질소(dinitrogenpentoxide)이다.

1. 영문명의 경우 모음이 겹치면 한 모음은 생략하고 알파벳 'o'로 표현한다.

   CO 일산화탄소(carbonmonoxide)
   ※ carbonmonooxide (×)

2. 이온화합물과 공유화합물을 구분하는 것이 가장 중요하다.

   이온화합물은 금속과 비금속 사이의 결합에 의한 것이며 공유화합물은 비금속 상호간의 결합에 의해 형성된 분자이다. 그러므로 분자를 구성하는 원자들 중에 금속원소의 유무를 확인하는 것이 중요하다.(1.5.1참조)

예제 3-4 다음 분자들 중 공유화합물을 구분하시오.
Na_2S, $AlCl_3$, NO_2, CCl_4, K_2O, SF_6

풀이 Na, Al, K는 모든 금속원소이므로 비금속원소간의 결합으로 이루어진 공유화합물은 NO_2, P_4S_3, SF_6 세 가지이다.

정답 NO_2, CCl_4, SF_6

예제 3-5 다음 공유화합물을 명명하시오.

a) P_4S_3 b) NO_2 c) CS_2 d) SO_3 e) N_2O

정답 a) 삼황화사인(tetraphosphorustrisulfide)
b) 이산화질소(nitrogendioxide)
c) 이황화탄소(carbondisulfide)
d) 삼산화황(sulfurtrioxide)
e) 산화이질소(dinitrogenmonoxide)

3. 관용명이 있는 공유화합물은 관용명을 사용한다.

H_2O 물(water)

NH_3 암모니아(ammonia)

3.1.3 산과 염기의 명명

1. 산(acid)분자들은 주된 이온들에 따른 명명법이 있으나 한글명은 대부분 관용명이 있어 관용명을 그대로 사용하는 것이 보편적이다.

HCl 염산(hydrochloric acid)

H_2SO_4 황산(sulfuric acid)

HNO_3 질산(nitric acid)

물론 영문명의 경우 분자내 주된 음이온의 어미가 '-ide'인 경우에는 'hydro'를 앞에 붙이고 'ide'를 'ic'로 바꾼후 acid를 붙인다. 예로서 염산의 경우 염소이온(chloride)의 ide를 ic로 바꾸고 hydro는 앞에, acid는 뒤에 붙여 완성한다.

HCl : hydrochloric acid

2. 산성 분자의 경우 주된 음이온의 어미가 영문으로 '-ate' 또는 '-ite'로 끝나면 '-ic'와 '-ous'로 바꾼 후 acid를 붙인다. 즉 SO_4^{2-}(sulfate)와 SO_3^{2-}(sulfite)의 경우 다음과 같이 명명한다.

H_2SO_4 황산(sulfuric acid)
H_2SO_3 아황산(sulfurous acid)
HNO_3 질산(nitric acid)
HNO_2 아질산(nitrous acid)

3. 대부분의 염기 분자는 일반적인 이온 화합물의 명명법을 따른다.

NaOH 수산화나트륨(sodium hydroxide)
KOH 수산화칼륨(potassuim hydroxide)
NH_4OH 수산화암모늄(ammonium hydroxide)

3.2 유기화합물의 명명

유기화합물(organic compound)은 탄소와 수소가 주성분인 다양한 탄화수소(hydrocarbon) 이어서 명명법도 탄소의 갯수와 관련하여 분자 형태별로 다양하게 정해진다.

3.2.1 알케인계 탄화수소의 명명

알케인(alkane)계 화합물은 C_nH_{2n+2}의 일반식을 만족하는 지방족(aliphatic)탄화수소 동족체(homolog)를 말하는데 탄소의 갯수, 치환기, 공간적 형태에 따라 명칭이 정해진다.

1. 탄소원자의 갯수에 따라 정해진 이름이 있다.

   알케인계 화합물은 분자내 탄소의 갯수가 정해지면 분자식이 결정되므로 아래 표 3.2와 같은 명칭을 가진다.

표 3.2 알케인계 포화탄화수소의 명칭

탄소원자 갯수	분자식	명칭(영문명)
1	CH_4	메테인(methane)
2	C_2H_6	에테인(ethane)
3	C_3H_8	프로페인(propane)
4	C_4H_{10}	부테인(butane)
5	C_5H_{12}	펜테인(pentane)
6	C_6H_{14}	헥세인(hexane)
7	C_7H_{16}	헵테인(heptane)
8	C_8H_{18}	옥테인(octane)
9	C_9H_{20}	노네인(nonane)
10	$C_{10}H_{22}$	데케인(decane)
11	$C_{11}H_{24}$	언데케인(undecane)
12	$C_{12}H_{26}$	도데케인(dodecane)

2. 치환기의 종류와 위치를 먼저 정한다.

   할로겐 원자들이나 알킬기(alkyl group)가 수소대신 치환되면 치환기의 위치와 명칭을 지정해 준다. 몇가지 치환기들을 표 3.3에 나타내었다.

표 3.3 몇 가지 치환기들

-F	플루오르(fluorine)	$-CH_3$	메틸(methyl)기
-Cl	염소(chlorine)	$-C_2H_5$	에틸(ethyl)기
-Br	브롬(bromine)	$-C_3H_7$	프로필(propyl)기
-I	요오드(iodine)	$-C_4H_9$	부틸(butyl)기

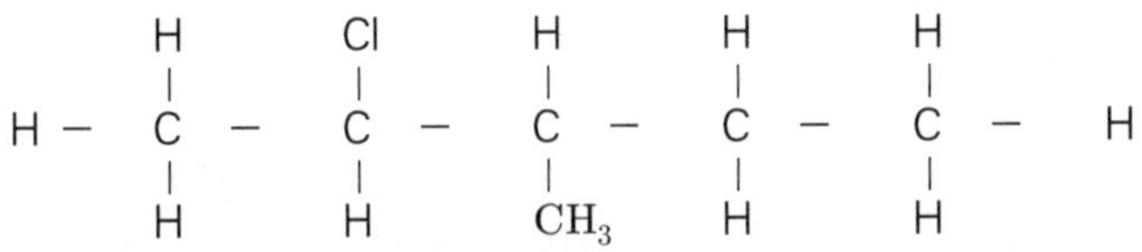

2−chloro−3−methylpentane

3.2.2 알켄 및 알킨계 탄화수소의 명명

지방족 탄화수소중 이중결합과 삼중결합이 있는 불포화탄화수소를 각각 알켄 및 알킨계라고 한다. 이 경우 다중결합의 위치와 갯수를 먼저 정하고 탄소척추(carbon backbone)를 명명하는데 이중결합은 '-ene'로, 삼중결합은 '-yne'로 나타낸다.

1.3 butadiene

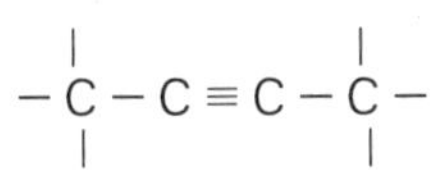

2-butyne

3.2.3. 고리형 탄화수소의 명명

사슬형의 일반 유기화합물과는 달리 고리형화합물(cyclic compound)은 지환족화합물(alicyclic compound)과 방향족화합물(aromatic compound)로 구분되어 명명된다.

지환족화합물은 탄소-탄소간 결합이 대부분 단일 결합인 고리화합물로서 탄소수에 따른 이름 앞에 '시클로(cyclo)'라는 용어를 붙인다.

$CH_3-CH_2-CH_3$

프로페인(propane)

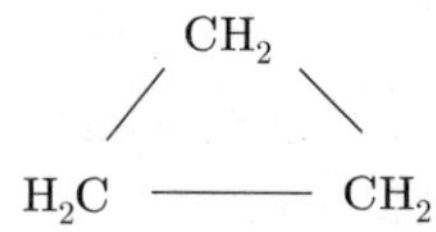

시클로프로페인(cyclopropane)

시클로부테인(cyclobutane)

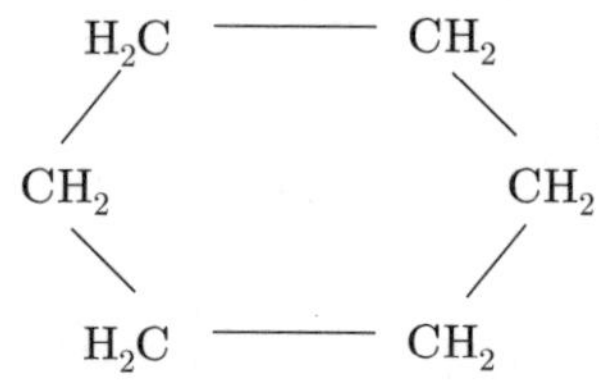

시클로헥세인(cyclohexane)

방향족화합물은 벤젠(benzene, C_6H_6)고리를 포함하는 고리형화합물로서 벤젠고리의 갯수와 치환기에 따른 관용명이 대부분 사용된다.

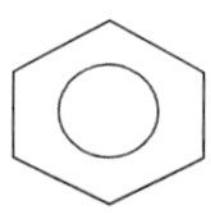

벤젠
(benzene)

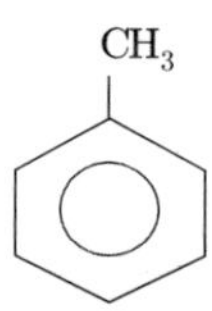

톨루엔
(toluene)

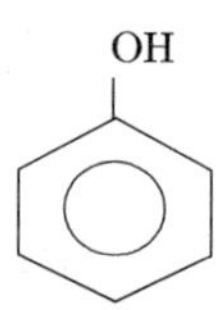

페놀
(phenol)

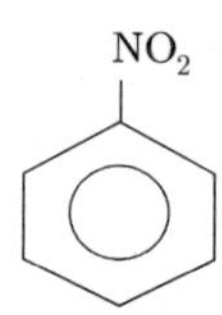

니트로벤젠
(nitrobenzene)

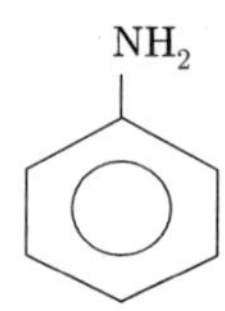

아닐린
(aniline)

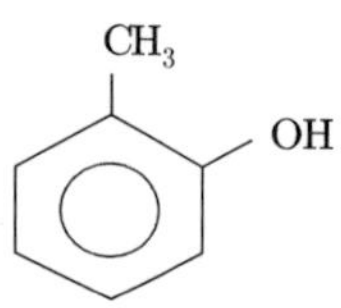

O-크레졸
(o-cresol)

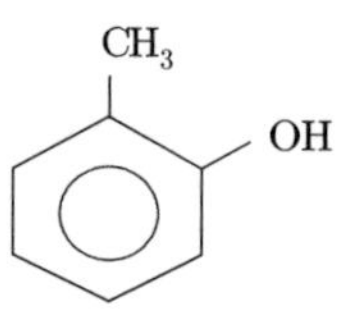

살리실산
(salicylic acid)

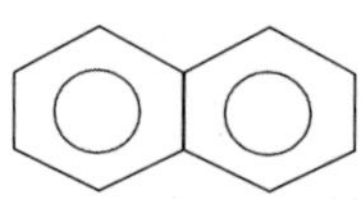

나프탈렌
(naphthalene)

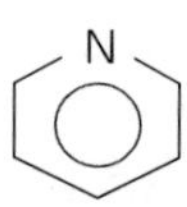

피리딘
(pyridine)

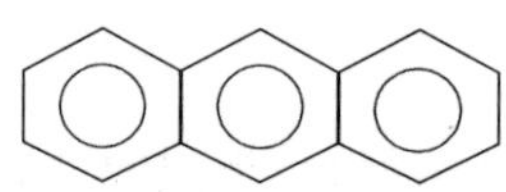

안트라센
(anthracene)

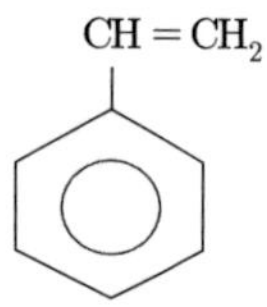

스타이렌
(styrene)

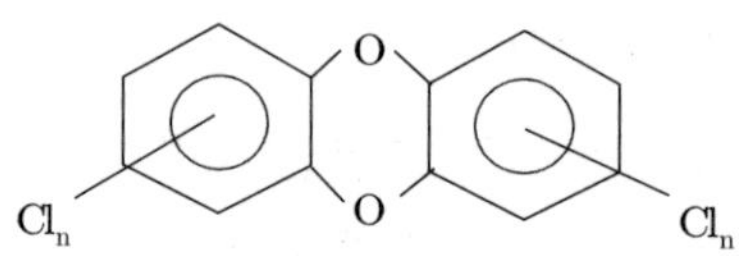

다이옥신류
(dioxins)

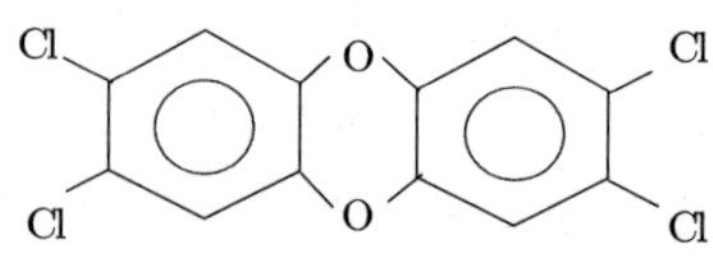

TCDD
(tetrachlorinated dibenzo-p-dioxin)

3.2.4 유도체 구조에 따른 명명

$-C_nH_{2n+1}$의 일반식을 갖는 알킬기(alkyl group)는 다양한 유도체를 형성하며 특징적인 구조에 따른 관용명이 있다.

R－OH 알콜(alcohol) :

CH_3OH	C_2H_5OH	C_3H_7OH
메틸알코올 (methylalcohol)	에틸알코올 (ethylalcohol)	프로필알코올 (propylalcohol)

특히 알코올은 OH기가 결합한 탄소원자가 몇 개의 탄소원자와 결합하느냐에 따라 1차, 2차, 3차로 구분한다.

R-O-R 에터(ether) :

CH_3-O-CH_3	$CH_3-O-C_2H_5$
디메틸에터 (dimethylether)	메틸에틸에터 (methylethylether)

R-CHO 알데하이드(aldehyde) :

CH_3CHO	HCHO
메틸알데하이드 (methylaldehyde)	포름알데하이드 (formaldehyde)

O
||
R-C-R 케톤(ketone) : CH_3COCH_3 (아세톤, acetone)
디메틸케톤 (dimethylketone)

RCOOH 카복실산(carboxylic acid) : CH_3CH_2COOH (propanoic acid)

O
||
R-C-OR′ 에스터(ester) :

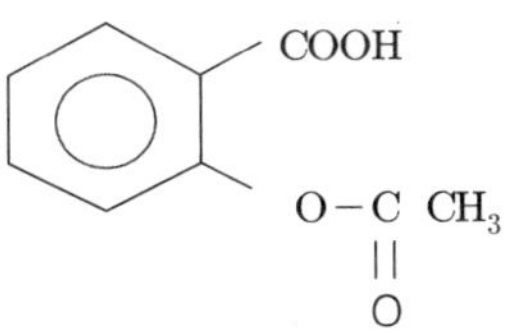

(acetylsalicylic acid, aspirin)

3.3 배위화합물의 명명

배위화합물의 명명은 다음의 4가지 규칙에 의해 정한다.

1. 배위자의 갯수와 이름을 먼저 부르되 배위자의 이름이 길거나 이름 중 갯수를 의미하는 di등의 접두사가 들어있을 경우 리간드의 갯수는 bis(2), tris(3), tetrakis(4)를 사용한다.

2. 배위자가 여러 종류일 경우 음성배위자, 중성배위자, 양성배위자의 순서로 이름을 부르되 음성배우자의 어미를 영문 'o'로 바꾸고 관용적 배위자명은 그대로 사용한다.

3. 중심금속원자의 이름은 배위자 뒤에 붙이고 금속의 산화상태를 괄호속에 로마숫자로 표기한다.

4. 배위화합물(착물)이 전기적으로 음성 착이온(complex ion) 형태이면 금속원자의 어미를 'ate'로 바꾼다.

예제 3-6 표 2.1을 참고로 하여 다음 배위화합물을 명명하시오.

a) $[PtCl_6]^{2-}$ b) $Zn(H_2O)_2(OH)_2$ c) $[Co(en)_3]^{2+}$

풀이 a) 6개의 염소리간드, 음전하 착이온, 백금산화상태는 +4이므로 → 육염화백금(Ⅳ)

b) 음성배위자, 중성배위자, 금속원자의 순서로 명명 → 이히드록소이아쿠오아연(Ⅱ)

c) en은 배위자 이름속에 di가 들어있는 긴 배위자이므로 → 삼에틸렌디아민코발트(Ⅱ)

정답 a) 육염화백금(Ⅳ), hexachloroplatinate(Ⅳ)

b) 이히드록소이아쿠오아연(Ⅱ), dihydroxodiaquozinc(Ⅱ)

c) 삼에틸렌디아민코발트(Ⅱ), trisethylenediaminecobalt(Ⅱ)

3.4 할로겐화합물 소화약제의 명명

염화플루오린화탄소(chlorofluorocarbon, CFC)를 관용적으로는 프레온(freon)가스라고 한다. 소화약제로 사용되는 할로겐 소화약제도 넓은 의미에서 CFC이므로 명명에는 프레온식 명명법과 할론식 명명법의 두 가지가 있다.

3.4.1 CFC식 명명(프레온 명명법)

이 방법은 프레온이라는 물질명에 세 자리 숫자를 병기하는 형태이며 화학회사인 듀폰(Du Pont)사가 제안하여 상업적으로 널리 이용되는 명칭이다. 첫 자리는 분자 내 탄소원자의 갯수에 1을 뺀 수를, 두 번째 자리는 수소 원자 갯수에 1을 더한 수를, 마지막 자리는 플루오르원자(F)의 실제 갯수를 표기한다. 다만 첫 번 자리의 수가 0이면 생략하여 두 자리로만 표기할 수 있고 브롬 원자가 있을 경우 맨 마지막에 B와 함께 그 갯수를 명시한다.

$C_2H_2F_2Cl_2$	fron 132
$C_2H_4Cl_2$	freon 150
$CFCl_3$	freon 011 또는 freon 11
CF_2ClBr	freon 012B1 또는 freon 12B1

3.4.2 할론식 명명

이 방법은 할론(Halon)이라는 관용명에 네 자리 숫자를 병기하는 형태이며 미국방화협회(National Fire Protection Association, NFPA)가 인정하는 국제적인 공식명이다.

네 자리의 숫자는 순서적으로 각각 탄소(C)원자의 갯수, 플루오르(F)원자의 갯수, 염소(Cl) 원자의 갯수, 브롬(Br)의 갯수를 나타낸다.

CF_2ClBr halon 1211

$C_2F_4Br_2$ halon 2402

CF_3Br halon 1301

연 습 문 제

1 다음 이온화합물을 명명하시오

a) H_2O_2 b) NaClO

c) NH_4OH d) Fe_2S_3

2 다음 이온화합물의 분자식은?

a) 황산구리(II) b) calciumsulfite

c) 산화알루미늄 d) sodiumbicarbonate

3 다음 공유화합물의 분자식은?

a) 사산화이질소 b) sulfurdioxide

c) 오산화이인 d) sulfurhexafluoride

4 염산과 황산의 영문명은?

5 다음 물질의 분자식은?

a) nitrous acid b) 플루오르화수소산

c) acetic acid d) caustic soda

6 TNT(trinitrotoluene)의 구조는?

7 1.4 다이옥산(dioxane)의 구조는?

8 사암민니켈(II)이온의 분자식은?

9 CCl_4의 프레온명은?

10 freon 114B2의 할론명은?

제4장 화학양론

물질의 성분과 형태를 구분하는 분자들의 화학적 표현이 화학식(chemical formula)이며 이 화학식의 질량과 화학반응식에서의 물질수지(material balance)를 다루는 분야가 화학양론(chemical stoichiometry)이다.

4.1 화학식

화학식은 분자를 대상으로 하며 크게 실험식(empirical formula), 분자식(molecular formula), 구조식(structural formula)의 세 가지로 표현한다.

실험식은 한 분자를 구성하는 원자들의 종류와 상대적인 개수비 만을 표현하며 원소분석등의 실험으로부터 결정되는 가장 단순한 화학식이다. 예로서 벤젠(benzene, C_6H_6)과 아세틸렌(acetylene, C_2H_2)의 실험식은 모두 CH이다.

예제 4-1 글리세롤(glycerol)은 산소, 탄소, 수소가 각각 무게비로 52.13%, 39.10%, 8.77%로 구성되어 있다. 실험식은?

풀이 무게%는 질량의 크기와 비례하고 산소, 탄소, 수소 원자의 원자량이 각각 16, 12, 1 amu 이므로 각 원소의 갯수는 다음과 같다.

산소(O)의 갯수 = $\frac{52.13}{16} \doteqdot 3.26$

탄소(C)의 갯수 = $\frac{39.10}{12} \doteqdot 3.26$

수소(H)의 갯수 = $\frac{8.77}{1} = 8.77$

그러므로 원자들의 갯수비는 C : H : O = 1 : 2.69 : 1 이고 이를 간단한 정수비로 표현하기 위해 전체를 3으로 곱하면 3:8:3이다.

정답 $C_3H_8O_3$

분자식은 분자를 구성하는 원자들의 종류와 실제 갯수를 나타낸 화학식이며 실험식과 같거나 정수배의 원자 갯수를 가진다.

	실험식	분자식
물	H_2O	H_2O
아세틸렌	CH	C_2H_2
벤젠	CH	C_6H_6

구조식은 분자를 구성하는 원자들의 종류와 실제 갯수 및 결합상태를 나타낸 화학식으로서 분자에 대한 가장 많은 정보를 제공한다.

H-C=C-H

아세틸렌

O=C=O

이산화탄소

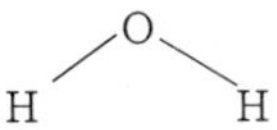

물

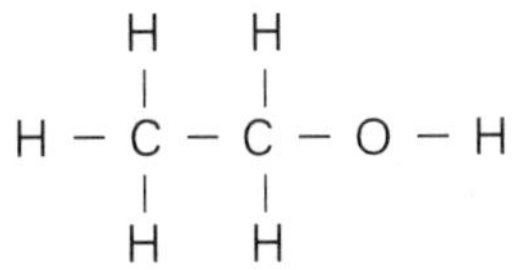

에틸알코올

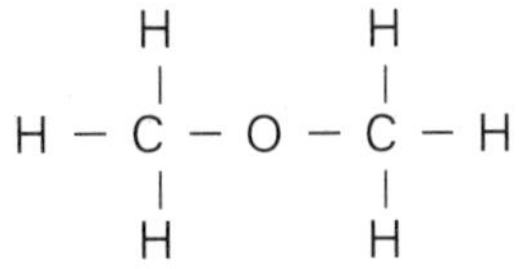

디메틸에터

4.2 화학식량

화학식의 무게가 화학식량(formula weight, FW)이며 일반적인 분자화합물의 경우 분자량(molecular weight, MW)이라고 하는데 폭 넓게는 같은 의미로 사용된다. 화학식량은 화학식 구성원자들의 원자량을 모두 합한 것이며 단위는 amu이다.

화학식량 : H_2O 18 amu (1×2 +16)
CO_2 44 amu (12 +16×2)
H_2SO_4 98 amu (1×2 + 32 + 16×4)
NaOH 40 amu (23+16+1)
C_6H_6 78 amu (12×6 +1×6)

4.3 몰과 몰질량

물질의 양을 나타내는 단위가 몰(mole)이며 실제 단위는 mol 이고 특정 갯수를 의미한다. 이 특정 갯수는 6×10^{23}개를 가리키며 이를 아보가드로 수(Avogadro number, N_A)라고 한다. 즉 0.5 mol은 3×10^{23}개이고 6×10^{22}개는 0.1 mol 이다.

물질 1mol의 무게가 몰질량(molar mass)이며 분자 1mol의 실제 무게는 g으로 표현되는 분자량이 된다.

탄소 원자 1개의 무게 (원자량) : 12 amu
산소 원자 1개의 무게 (원자량) : 16 amu
CO_2 분자 1개의 무게 (분자량) : 44 amu
CO_2 분자 1 mol의 무게(몰질량) : 44 g

예제 4-2 고체 이산화탄소인 드라이아이스(dry ice) 11g은 몇 개의 이산화탄소 분자로 이루어져 있는가?

풀이 CO_2의 몰질량은 44g이므로 11g의 CO_2는 $\frac{1}{4}$ mol이다.

정답 $\frac{1}{4}$ mol 또는 1.5×10^{23}개

예제 4-3 어떤 기름 성분의 실험식은 CH_2이고 몰질량은 168g/mol 이다. 분자식은 무엇인가?

풀이 몰질량이 168g/mol 이면 분자량은 168amu이다.
CH_2의 실험식량이 14amu이고
n(실험식량) = 분자량 의 관계에서 n=12

정답 $C_{12}H_{24}$

4.4 화학반응식

화학반응식(chemical equation)은 화학방정식이라고도 하는데 화학반응의 과정을 나타내는 식으로서 반응물(reactant)과 생성물(product)의 종류뿐만 아니라 화학양론적인 변화와 에너지 변화까지 표현한다.

4.4.1 일반 화학반응식의 완성

18세기 A. Lavoisier에 의해 발견된 질량보존의 법칙(The law of conservation of mass)은 화학반응의 전후를 통해 질량이 일정하게 유지된다는 것이다. 따라서 반응물을 구성하는 모든 원자들은 그 종류와 갯수가 어떤 생성물 분자에 속해 있든 간에 반응 후에도 그대로 존재해야 한다. 이를 바탕으로 하여 화학반응식을 양론적으로 완성시키는 과정이 바로 '화학반응식의 균형 맞추기'이다.

비양론적 : 질소분자(N_2) + 수소분자(H_2) → 암모니아(NH_3)

양론적 : 질소분자(N_2) + 3 × 수소분자(H_2) → 2 × 암모니아(NH_3)

균형화학반응식 : $N_2 + 3H_2 \rightarrow 2NH_3$

화학반응식에서 반응물과 생성물의 갯수는 항상 정수이어야 하므로 그렇지 않는 경우에는 전체적으로 일정한 수를 곱하여 정수가 되게 하여야 한다.

예제 4-4 자동차용 가솔린의 주성분인 옥테인(C_8H_{18})은 엔진내에서 산소와 연소한 후 이산화탄소와 수증기를 생성한다. 균형화학반응식을 완성하시오.

풀이 비양론적 반응식 $C_8H_{18} + O_2 \rightarrow CO_2 + H_2O$

탄소갯수 균형식 $C_8H_{18} + O_2 \rightarrow 8\ CO_2 + H_2O$

수소갯수 균형식 $C_8H_{18} + O_2 \rightarrow 8\ CO_2 + 9\ H_2O$

산소갯수 균형식 $C_8H_{18} + \frac{25}{2} O_2 \rightarrow 8\ CO_2 + 9\ H_2O$

완성된 반응식 $2\ C_8H_{18} + 25\ O_2 \rightarrow 16\ CO_2 + 18\ H_2O$

정답 $2\ C_8H_{18} + 25\ O_2 \rightarrow 16\ CO_2 + 18\ H_2O$

4.4.2 이온반응식의 완성

이온반응식을 완성하는 것은 쉬운 일이 아니며 여러 단계의 과정을 거쳐야 하고 산성이나 염기성의 용액 특성에 따라 달라지기도 하는데 반쪽반응(half reaction)을 이용하여 분할후정복(divide and conquer)의 원리로 진행된다. 이 방법을 이온전자법(ion electron method)이라고 하며 구경꾼이온(spectator ion)이 생략된 골격반응식(skeleton equation)이 다음 예시와 같은 단계로 진행된다.

이온반응식 : $Sn^{2+} + Hg^{2+} + Cl^- \rightarrow Sn^{4+} + Hg_2Cl_2$

1. 반쪽반응으로 나눈다.

$Sn^{2+} \rightarrow Sn^{4+}$

$Hg^{2+} + Cl^- \rightarrow Hg_2Cl_2$

2. 원자 갯수를 맞춘다.

$Sn^{2+} \rightarrow Sn^{4+}$

$2Hg^{2+} + 2Cl^- \rightarrow Hg_2Cl_2$

3. 전자(e-)를 이용하여 전하를 맞춘다.

$Sn^{2+} \rightarrow Sn^{4+} + 2e^-$

$2Hg^{2+} + 2Cl^- + 2e^- \rightarrow Hg_2Cl_2$

4. 반응전후의 전자 갯수를 맞춘다.(여기서는 반응 전후 모두 $2e^-$)

5. 반쪽반응을 합한 후 같은 것을 상쇄하여 제거한다.

$$Sn^{2+} + 2Hg^{2+} + 2Cl^- + \underset{\text{상쇄}}{\overline{2e^-}} \rightarrow Sn^{4+} + Hg_2Cl_2 + \underset{\text{상쇄}}{\overline{2e^-}}$$

그러나 실제 용액중에는 산성이거나 염기성을 나타내는 용액이 많아서 이를 위한 단계별 약간의 차이점을 알아두어야 한다. 산성수용액의 경우 산소원자는 물분자를, 수소원자는 수소 이온(H^+)을 이용하여 완성한다. 염기성 수용액의 경우에는 산성수용액으로 생각하여 진행한 후 최종적으로 수산화이온(OH^-)을 이용하여 수소이온(H^+)을 제거해 준다.

$$Cl^- + MnO_4^- \rightarrow Cl_2 + Mn^{2+} \quad (\text{산성수용액})$$

1. 반쪽반응 구성

   $Cl^- \rightarrow Cl_2$

   $MnO_4^- \rightarrow Mn^{2+}$

2. 중심원자 균형맞추기 (O, H 등은 생각하지 않는다)

   $2Cl^- \rightarrow Cl_2$

   $MnO_4^- \rightarrow Mn^{2+}$

3. 산소원자 균형 맞추기 (H_2O를 이용하여)

   $2Cl^- \rightarrow Cl_2$

   $MnO_4^- \rightarrow Mn^{2+} + 4H_2O$

4. 수소원자 균형맞추기 (H^+를 이용하여)

   $2Cl^- \rightarrow Cl_2$

   $MnO_4^- + 8H^+ \rightarrow Mn^{2+} + 4H_2O$

5. 전하 균형맞추기(e^-를 이용하여)

   $2Cl^- \rightarrow Cl_2 + 2e^-$

   $MnO_4^- + 8H^+ + 5e^- \rightarrow Mn^{2+} + 4H_2O$

6. 전자 균형 맞추기 (반응전후 같아지게 곱한다.)

$$10Cl^- \rightarrow 5Cl_2 + 10e^-$$

$$2MnO_4^- + 16H^+ + 10e^- \rightarrow 2Mn^{2+} + 8H_2O$$

7. 반쪽반응 합한 후 정리 (반응전후 동일물질 상쇄 제거)

$$10Cl^- + 2MnO_4^- + 16H^+ + \underset{\text{상쇄}}{\overline{10e^-}} \rightarrow 5Cl_2 + 2Mn^{2+} + 8H_2O + \underset{\text{상쇄}}{\overline{10e^-}}$$

예제 4-5 다음 이온 반응식을 완성하시오

$Pb(OH)_3^- + OCl^- \rightarrow PbO_2 + Cl^-$ (염기성 수용액)

풀이

1. 반쪽반응구성

$Pb(OH)_3^- \rightarrow PbO_2$ $OCl^- \rightarrow Cl^-$

2. 중심원자 균형 맞추기

$Pb(OH)_3^- \rightarrow PbO_2$ $OCl^- \rightarrow Cl^-$

3. 산소 원자 균형 맞추기

$Pb(OH)_3^- \rightarrow PbO_2 + H_2O$ $OCl^- \rightarrow Cl^- + H_2O$

4. 수소 원자 균형 맞추기

$Pb(OH)_3^- \rightarrow PbO_2 + H_2O + H^+$ $OCl^- + 2H^+ \rightarrow Cl^- + H_2O$

5. 전하 균형 맞추기

$Pb(OH)_3^- \rightarrow PbO_2 + H_2O + H^+ + 2e^-$ $OCl^- + 2H^+ + 2e^- \rightarrow Cl^- + H_2O$

6. 반쪽반응 합하고 정리

$Pb(OH)_3^- + OCl^- + \underset{\text{상쇄}}{\underline{2H^+}} + \underset{\text{상쇄}}{\underline{2e^-}} \rightarrow PbO_2 + Cl^- + 2H_2O + \underset{\text{상쇄}}{\underline{H^+}} + \underset{\text{상쇄}}{\underline{2e^-}}$

$Pb(OH)_3^- + OCl^- + H^+ \rightarrow PbO_2 + Cl^- + 2H_2O$

7. 수소이온 제거(OH^- 를 이용)

$Pb(OH)_3^- + OCl^- + H^+ + OH^- \rightarrow PbO_2 + Cl^- + 2H_2O + OH^-$

$Pb(OH)_3^- + OCl^- + H_2O \rightarrow PbO_2 + Cl^- + 2H_2O + OH^-$

8. 좌우상쇄후 최종정리

$Pb(OH)_3^- + OCl^- \rightarrow PbO_2 + Cl^- + H_2O + OH^-$

정답 $Pb(OH)_3^- + OCl^- \rightarrow PbO_2 + Cl^- + H_2O + OH^-$

4.5 한계반응물과 %수율

화학반응에 참여하는 두 종류이상의 반응물들 중 상대적인 양이 작아 반응과정을 통해 전부 소모되어 생성물의 생성량을 제한하는 반응물을 한계반응물(limiting reactant)이라고 한다. 따라서 한계반응물의 양을 증가시키면 생성물의 양도 증가할 수 있다.

예제 4-6 28g의 질소기체(N_2)와 12g의 수소기체(H_2)를 촉매 존재하에서 반응시키면 몇 g의 암모니아 기체(NH_3)가 생성되는가? 또 이때 한계반응물은 무엇인가?

풀이 28g의 N_2 → 1 mol의 N_2

12g의 H_2 → 6 mol의 H_2이고

화학반응식 $N_2(g) + 3H_2(g) \rightarrow 2\ NH_3(g)$에서

질소, 수소, 암모니아 기체의 반응몰비는 1:3:2이다.

따라서 1mol의 N_2에는 3mol의 H_2만이 필요하므로 실제 반응에서 N_2는 모두 소모되나 H_2는 3mol이 남는다. 또한 NH_3는 2mol이 생성된다.

NH_3의 몰질량이 17g이므로 2mol은 34g

정답 34g, 질소기체(N_2)

화학반응에서 실제로 생성되는 생성물의 양은 다양한 원인으로 인해 이론치보다 대체로 작다. 이론적 생성량에 대한 실제 생성물 양의 비를 수율(yield)이라고 하며 백분율로 표시한다.

$$\%수율(\%\ yield) = \frac{실제생성량}{이론생성량} \times 100(\%)$$

예제 4-7 예제 4.6과 동일한 반응조건에서 17g의 암모니아 기체가 실제로 생성되었다면 % yield는 얼마인가

풀이 $\frac{17g}{34g} \times 100(\%) = 50\%$

정답 50%

연 습 문 제

1 로켓 추진제로 사용되는 히드라진(hydrazine)은 87.5% 질소(N)와 12.5%의 수소(H)로 되어 있으며 분자량이 32 amu이다. 실험식과 분자식은?

2 9g의 물은 H_2O 분자 몇 개로 이루어져 있는가?

3 120g의 석탄은 몇 개의 탄소(C)원자로 이루어져 있는가?

4 부테인(C_4H_{10})의 연소반응식을 완성하시오.

5 아세틸렌(C_2H_2)의 연소반응식을 완성하시오.

6 이온전자법을 이용하여 아래 이온반응식을 완성하시오.
$Cu + NO_3^- \rightarrow Cu^{2+} + NO$ (산성수용액)

7 이온전자법을 이용하여 아래 이온반응식을 완성하시오.
$IO_3^- + HSO_3^- \rightarrow I^- + SO_4^{2-}$ (산성수용액)

8 이온전자법을 이용하여 아래 이온반응식을 완성하시오.

$CrO_2^- + HO_2^- \rightarrow CrO_4^{2-} + OH^-$(염기성 수용액)

9 4g의 수소기체(H_2)와 64g의 산소기체(O_2)를 반응시켜 수증기(H_2O)를 발생시켰다. 어떤 기체가 한계반응물인가?

10 위 9번과 동일한 반응조건에서 27g의 수증기가 발생했다면 % yield는 얼마인가?

제5장 기 체

기체(gas)는 물질의 세 가지 상(phase)중에서 분자적으로 가장 자유스럽고 독특한 특성을 갖는다. 실제기체(real gas)의 성질을 이해하기 위해 실제기체에서 무시할만한 요소들을 아예 없다고 가정한 것이 이상기체이다. 이상기체를 통해 기체의 특성들은 단순한 수학적 식으로 표현되며 이를 기체의 법칙들이라고 한다.

기체의 특성을 표현하는 물리량 중에서 압력(pressure)은 다양한 단위로 표현된다. Pa(파스칼, pascal)이 SI 압력단위이지만 관습적으로 사용되는 기압(atm), 토르(torr), psi 등이 있어 상호변환의 방법을 알아 두어야 한다.

$$
\begin{aligned}
1\text{기압(atm)} &= 101325\ \text{Pa} \\
&= 760\ \text{torr} \\
&= 14.7\ \text{psi}
\end{aligned}
$$

5.1 기체의 특성

기체는 유체(fluid)라는 공통점으로 인해 액체와 성질이 유사할 것 같으나 실제로는 그렇지 않고 오히려 고체가 액체와 여러 면에서 공통점이 많다. 기체가 다른 상에 비해 근본적으로 다른 점은 분자간 거리가 멀다는 점이다. 따라서 동일한 무게나 분자 갯수를 기준으로 할때 기체의 부피가 액체 또는 고체에 비해 물질의 종류에 따른 차이가 있으나 대략 800~1000배 이상 크다. 그러므로 압력이나 온도의 변화에 따른 부피변화가 심하며 기체가 차지하고 있는 부피에 대한 기체분자 자체의 부피는 무시할 만큼 작다. 또한 액체와 고체의 경우 분자간 거리가 더 이상 좁혀지지 않을 정도로 이미 좁혀져 있어서 여러 형태의 분자간 인력이 서로 강하게 작용하지만 기체는 분자간 거리가 워낙 멀리 떨어져 있어 분자간인력은 상호간 거의 작용하지 못한다.

5.2 보일의 법칙

보일의 법칙(Boyle′s law)은 기체의 특성 중 압력과 부피의 관계를 나타내는 법칙이며 온도(T)와 물질량(n)은 일정하게 고정시키는 조건이 필요하다. 이상기체에서 온도를 일정하게 유지하면 기체의 압력(P)과 부피(V)는 서로간에 반비례 한다는 것이다.

Boyle′s law

$P \cdot V = \text{const.}$ (단 T는 고정) (식 5.1)

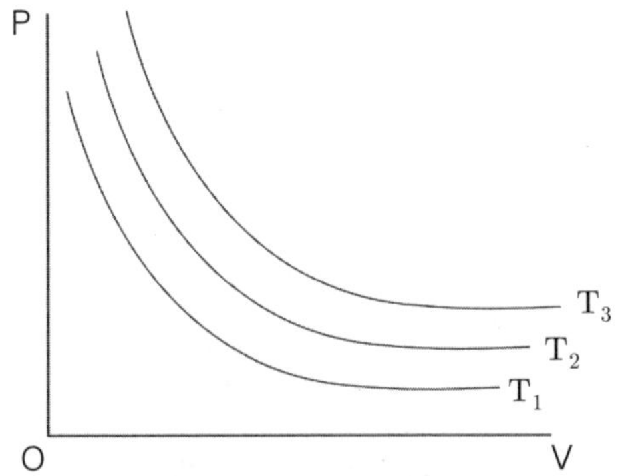

그림 5.1 보일의 법칙

보일의 법칙을 만족하는 곡선은 곡선내 모든 점들의 온도가 동일한 등온선(isotherms)이다.

그러나 온도가 T_1 에서 T_2, T_3로 달라지면 그 온도에서 역시 보일의 법칙을 만족하는 등온선이 존재하며 $T_1 < T_2 < T_3$ 의 관계가 성립된다.

5.3 샤를의 법칙

샤를의 법칙(charles′ law)은 부피(V)와 온도(T)에 관한 법칙으로서 이상기체에서 압력을 고정하면 기체의 부피는 온도에 비례한다는 것이다.

charles′ law

$$V = k \cdot T \quad \text{또는} \quad \frac{V_1}{T_1} = \frac{V_2}{T_2} \quad \text{(단 P는 고정)} \quad \text{(식 5.2)}$$

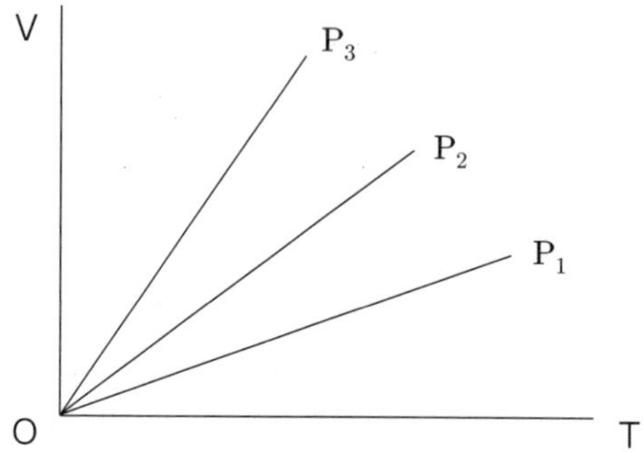

그림 5.2 샤를의 법칙

그림 5.2에서 샤를의 법칙을 만족하는 직선은 각각 등압선(isobars)이며 $P_1 > P_2 > P_3$의 순서를 갖는다. 특히 압력이 대기압인 1기압의 경우 비례상수(k)는 $\frac{1}{273}$을 나타내어 온도가 1도 증가할 때 마다 부피가 $\frac{1}{273}$만큼씩 더 불어나게 된다. 그러나 여기서 유의할 점은 임의 온도에서의 부피에 대해 $\frac{1}{273}$씩 증가하는 것이 아니라 어떤 온도에서 온도가 1도 증가하든지 그 기체가 0℃(273K)일때 가지는 부피의 $\frac{1}{273}$만큼씩이 더 불어난다는 점이다.

5.4 아몬톤의 법칙

아몬톤의 법칙(Amonton′s law)은 크게 알려진 법칙은 아니나 이상기체의 온도(T)와 압력(P)에 관한 것이다. 즉 이상기체의 부피를 고정하면 기체의 압력은 온도에 비례한다는 법칙이다.

Amonton′s law

$$P = k \cdot T \quad (\text{단 V는 고정}) \qquad (\text{식 5.3})$$

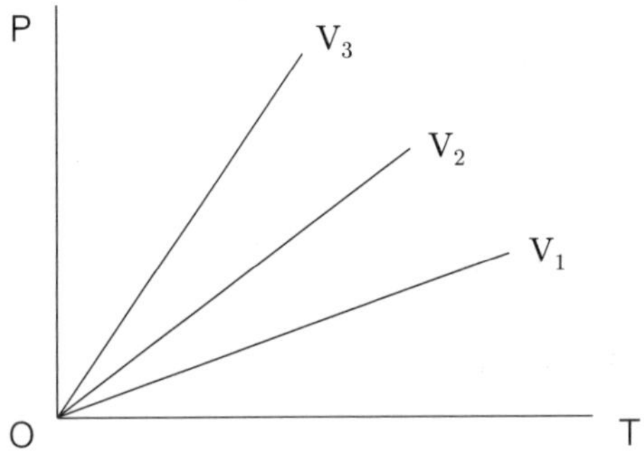

그림 5.3 아몬톤의 법칙

그림 5.3에서 아몬톤의 법칙을 나타내는 직선들은 각각 등부피선(isometrics)이며 $V_3 < V_2 < V_1$의 순서를 갖는다. 이 법칙은 밀폐된 용기가 외부로부터 열을 받으면 내부 압력이 높아짐을 설명하는데 화재 현장에서의 BLEVE(boiling liguid expanding vapor explosion) 현상도 부분적으로 이와 관련이 있다.

5.5 아보가드로의 법칙

아보가드로의 법칙(Avogadro′s law)은 기체의 종류와 무관하게 동일한 갯수(혹은 몰수)의 기체가 차지하는 부피는 동일하다는 것이다. 수소와 같이 분자 자체의 부피가 작은 기체나 이산화탄소와 같이 분자 자체의 부피가 큰 기체나 분자 갯수만 같으면 기체의 부피가 같다는 점이다. 이것은 기체분자간 거리가 멀다는 기체의 특성상 기체가 점유하고 있는 공간 즉 부피에 비해 분자자체의 크기는 무시할 만 하기 때문이다. 액체와 고체는 분자간 거리가 가깝기 때문에 마치 야구공 100개가 들어있는 상자의 부피와 축구공 100개가 들어있는 상자의 부피가 다르듯 분자들의 종류에 따라 차이가 나지만 기체의 경우에는 마치 축구경기장 속에 야구공이 100개 있으나 축구공이 100개 있으나 축구경기장 전체 부피에는 별로 영향을 줄 수 없는 것과 같은 이치이다.

Avogadro's law

$$V = k \cdot n \quad (\text{단 P, T는 고정}) \qquad (\text{식 } 5.4)$$

※ n : 기체의 몰(mol)수

5.6 보일-샤를의 법칙

보일의 법칙과 샤를의 법칙을 조합한 것이 보일-샤를의 법칙이며 기체의 부피에 대한 압력과 온도의 관계를 한 개의 식으로 표현하였다.

$$\frac{P_1 \cdot V_1}{T_1} = \frac{P_2 \cdot V_2}{T_2} \quad (\text{단 n은 고정}) \qquad (\text{식 } 5.5)$$

예제 5-1 대기압하에서 27℃의 기체를 가압승온하여 2기압, 127℃가 되게 하였다. 나중 부피는 처음 부피의 몇 % 인가? (이상기체로 가정)

풀이 Boyle-charle의 법칙에서

P_1 = 1atm, T_1 =300K, P_2 =2atm, T_2 =400K를 대입하면

$$\frac{(1atm) \cdot V_1}{300K} = \frac{(2atm) \cdot V_2}{400K} \rightarrow \frac{V_2}{V_1} = \frac{2}{3}$$

정답 약 67%

5.7 이상기체의 상태방정식

이상기체의 법칙들을 조합하거나 기체운동론으로부터 유도할 수 있는 관계가 이상기체의 상태방정식 또는 이상기체방정식(ideal gas equation)이다.

이상기체 상태방정식 $P \cdot V = n \cdot R \cdot T$ (식 5.6)

압력, 부피, 기체의 양(몰수), 온도의 네 가지 변수들을 한 개의 식으로 나타낸 것이 특징이며 실제기체의 여러 상태를 이해하는데 매우 유용한 관계식이다.

식 5.5에 사용된 R은 기체상수(gas constant)로서 $P \cdot V \cdot n^{-1} \cdot T^{-1}$의 단위를 갖는다.

R : 0.082 atm · L / mol · K
8.314 Pa · m^3 / mol · K
8.314 J / mol · K
1.987 cal / mol · K

즉 기체상수는 압력과 부피의 단위에 따라 적절한 값이 이용될 수 있다.

이상기체 방정식의 다른 형태는 다음과 같은 과정을 통해 정리된 식 5.7이다.

$\rightarrow P \cdot V = n \cdot R \cdot T$

$\rightarrow P \cdot V = \frac{W}{M} \cdot R \cdot T$ (W:무게, M:몰질량)

$\rightarrow P \cdot M = \frac{W}{V} \cdot R \cdot T$

$\rightarrow P \cdot M = d \cdot R \cdot T$ (d:밀도) (식 5.7)

예제 5-2 대기압 하에서 27℃ 2mol의 질소기체(N_2)는 부피가 몇 L인가? (이상기체로 가정)

풀이 P= 1atm, V=?, n= 2mol, T=300K

P・V= n・R・T 를 V에 대하여 정리한후 대입

$$V=\frac{n\cdot R\cdot T}{P}=\frac{(2mol)(0.082atm\cdot l/mol\cdot K)(300K)}{1atm}=49.2L$$

정답 49.2L

5.8 실제기체의 상태방정식

실제기체의 상태방정식은 실제기체 방정식(real gas equation)이라 하며 Van der Waals, Berthelot, Dieterici 등에 의해 제안된 여러 형태의 식들이 있으나 그 중에서 반데르발스식(Van der Waals equation)이 가장 보편적으로 사용된다.

5.8.1 실제기체와 이상기체

실제기체 방정식을 적용하기 이전에 실제기체와 이상기체의 차이점을 먼저 알아보자. 실제기체는 말 그대로 실제 존재하는 현실의 기체를 가리키며 일반적인 온도와 압력하에서는 이상기체와 거의 유사하여 이상기체의 여러 법칙들을 적용해도 큰 차이를 나타내지 않는다. 이상기체는 기체특성의 간편한 수식화를 위해 실제기체에 존재하는 두 가지 인자 즉 기체분자 자체부피와 기체분자간 인력을 없다고 가정한 가상적 기체이다. 실제로 실제기체의 이 두 인자는 실제기체에서 엄연히 존재하나 일반적인 조건하에서는 그 크기가 무시할 수 있을 정도로 작다. 그러나 압력이 지극히 높거나 온도가 지극히 낮은 조건하에서는 두 인자의 크기가 커져서 실제 기체의 성질이 이를 무시한 이상기체의 거동으로부터 큰 차이를 나타낸다. 이를 실제기체의 비이상성이 증가하였다고 표현하기도 한다. 이상기체는 분자간인력이 없으므로 이론적으로 액체가 될 수 없다. 실제기체도 비이상성이 거의 나타나지 않을 정도의 온도가 되면 이상기체처럼 아무리 압력을 높여도 액화되지 않는다. 이 온도가 실제기체의 임계온도(critical temperature, T_C)이며 임계온도가 나타나는 임계점(critical point)에서의 압력과 부피를 각각 임계압력(critical pressure, P_C), 임계부피(critical volume, V_C)라고 한다. 따라서 임계온도는 실제기체가 액화가능한 최고의 온도이다.

표 5.1 몇 가지 기체들의 임계온도와 압력

화학식	T_c(K)	P_c(MPa)	P_c(atm)
H_2	3.3	1.30	12.80
He	5.3	0.23	2.26
N_2	126.1	3.39	33.5
CO	134.0	3.51	34.5
O_2	154.3	5.04	50.1
C_2H_4	282.9	5.16	50.8
CO_2	304.2	7.38	72.9
NH_3	405.6	11.37	111.3
H_2O	647.2	22.06	218.3
Hg	1735.0	105.0	1033.8

5.8.2 반데르발스식

이상기체에서 무시한 두 인자를 포함하므로써 어떤 조건하에서도 실제기체의 성질을 가장 근접하게 표현하는 식이 실제기체 상태방정식이며 반데르발스식(Van der Waals′ equation)은 대표적인 실제기체 방정식이다.

$$\text{Van der Waals식} : \left(P+\frac{n^2a}{V^2}\right)(V-nb) = n \cdot R \cdot T \qquad (식\ 5.8)$$

위 식에서 a,b는 Van der Waals 상수로서 각각 기체분자 간 인력과 기체분자 자체부피 인자를 보정해 준다. Van der Waals식은 부피에 대해 3차항으로 전개되므로 단순하게는 시행착오법(trial and error method)으로 해를 구한다.

표 5.2 몇 가지 기체들의 반데르발스 상수값

기체	a(atm · L^2/mol^2)	b(L/mol)
H_2	0.244	0.027
N_2	1.390	0.039
O_2	1.360	0.032
CO_2	3.592	0.043
NH_3	4.170	0.037
H_2O	5.464	0.030
Ar	1.345	0.032
CH_4	2.253	0.043
NO_2	5.284	0.044
SO_2	6.714	0.056
HCl	3.667	0.041

5.9 기체의 확산

기체의 확산(diffusion)은 기체 분자의 공간적 이동에 의한 것이며 확산속도는 기체 분자의 운동속도에 의해 결정된다.

5.9.1 기체 분자의 속도

기체 분자는 끊임없이 운동하고 있으며 운동에너지(kinetic energy)는 절대온도에 비례하므로 온도가 높을수록 운동속도도 빠르다. 그러나 한 종류의 기체라 할지라도 동일한 온도에서 모든 기체 분자들의 속도가 동일한 것은 아니어서 특정 온도에서 기체의 속도는 항상 여러 속도를 가진 기체 분자들의 평균속도를 의미한다. 온도이외 기체 분자의 속도를 결정하는 요소는 기체 분자의 질량이며 무거운 분자일수록 이동 속도가 느리다. 항온에서 분자의 무게에 따른 기체의 속도에 관한 대표적인 표현이 근평균속도(root mean square speed, v_{rms})이다.

$$v_{rms} = \sqrt{\frac{3RT}{M}} \quad \text{(단 M은 몰질량)} \qquad \text{(식 5.9)}$$

예제 5-3 25℃ 대기 중 산소기체(O_2)의 근평균속도는 몇 m/sec인가?

풀이 식 5.8에 T=298K, R=8.314 Pa · m^3/mol · K, M=0.032kg을 대입하면

$$V_{rms} = \sqrt{\frac{3(8.314Pa \cdot m^3/mol \cdot K)(298K)}{0.032kg}} = 481.95 \text{ m/sec}$$

정답 약 482m/sec

5.9.2 그레이엄의 법칙

그레이엄의 법칙(Graham's law)은 기체확산에 관한 법칙이다. 즉 두 기체분자의 확산속도비는 분자량의 제곱근에 반비례한다는 것이다. A, B 두 기체의 확산속도를 각각 V_A, V_B 라고 하고 분자량을 M_A., M_B 라고 하면 다음과 같이 표현된다.

$$\frac{V_B}{V_A} = \sqrt{\frac{M_A}{M_B}} \qquad \text{(식 5.10)}$$

예제 5-3 동일한 온도에서 확산속도가 산소기체(O_2)에 비해 4배 빠른 기체의 분자량은 몇 amu이며, 기체의 종류는?

풀이 식 5.9에서 산소기체를 A, 미지기체를 B라고 하면

$$\frac{V_B}{V_A} = \sqrt{\frac{32amu}{M_B}} = 4$$

그러므로 M_B는 2 amu이고 분자량이 2 amu인 기체는 수소기체(H_2)뿐이다.

정답 2amu, 수소기체(H_2)

5.10 분압법칙

여러 종류의 기체가 밀폐된 용기내에 섞여 있을때 각 성분 기체의 압력을 분압(partial pressure)이라고 하며 분압에 관한 대표적인 이론이 식 5.11과 식 5.12로 표현되는 Dalton의 분압법칙(law of partial pressure)이다.

$$\sum P_i = P_t \qquad \text{(식 5.11)}$$

(P_i는 i성분 기체의 분압, P_t는 전체압력)

$$P_i = P_t \times X_i \qquad \text{(식 5.12)}$$

(X_i는 i성분기체의 몰분율)

※ $X_i(\text{몰분율}) = \dfrac{n_i}{n_t}$

(여기서 n_i는 i성분의 몰수, n_t는 전체 몰수)

즉 밀폐된 용기내에 여러 종류의 기체가 섞여 있을 경우 각 성분 기체의 분압을 합하면 전체압력(전압)이 되고 각 성분 기체의 분압은 전압에 성분기체의 몰분율(mole fraction, X_i)을

곱하면 된다는 것이다. 여기서 몰분율은 특정성분이 속한 전체 몰수에 대한 특정 성분 몰수의 비를 가리키며 항상 1보다 작고 각 성분의 몰분율을 모두 합하면 1이 된다.

예제 5-3 $H_2(g)$, $O_2(g)$, $N_2(g)$가 각각 6g, 32g, 56g씩 들어 있는 밀폐된 용기의 전체 압력이 120kPa이라면 각 성분 기체들의 분압은 얼마인가?

풀이 먼저 각 성분의 몰분율을 구하면

6g의 H_2 = 3mol H_2
32g의 O_2 = 1mol O_2
56g의 N_2 = 2mol O_2 이므로

X_{H_2}, X_{O_2}, X_{N_2} 는 각각 $\frac{1}{2}$, $\frac{1}{6}$, $\frac{1}{3}$ 이다.

따라서 $P_{H_2} = (120kPa)(\frac{1}{2}) = 60kPa$

$P_{O_2} = (120kPa)(\frac{1}{6}) = 20kPa$

$P_{N_2} = (120kPa)(\frac{1}{3}) = 40kPa$

정답 60kPa의 H_2 , 20kPa의O_2 , 40kPa의 N_2

연 습 문 제

1 일정한 온도에서 기체의 부피를 두 배로 확장시키면 압력은 처음의 몇 배가 되는가?

2 0℃, 1기압하에서 수소기체 1mol과 질소기체 1mol을 섞으면 부피는 몇 L인가?

3 25℃, 1기압하에서 1mol의 이산화탄소 기체의 부피는 몇 L인가? (이상기체로 가정)

4 25℃, 1기압하에서 1mol의 이산화탄소 기체의 부피는 몇 L인가? (실제기체로 계산)

5 이상기체에도 임계온도가 존재하는가? 그 이유는?

6 0℃ 질소기체(N_2)의 근평균속도는 몇 m/sec인가?

7 분자량의 크기가 4배인 기체는 이동 속도가 몇 배인가?

8 길이 1m인 유리관 양쪽에서 각각 HCl과 NH_3가 이동한다. NH_4Cl의 흰색 연기가 생기는 곳은 HCl 입구로부터 몇 cm인 지점인가?

9 28g의 질소기체와 64g의 산소기체가 들어 있는 밀폐된 용기의 전압이 30atm이다. 질소기체의 분압은?

10 위 9번 문제에서 X_{O_2}는?

제6장 액체 및 고체

액체와 고체는 분자간 거리가 더 이상 좁혀지지 않을 정도로 분자가 서로 가깝게 배열되어 있고 분자간인력도 작용하는 상태이다. 따라서 외부로부터의 압력과 무관하게 물체의 부피가 거의 변화하지 않는다.

6.1 액체상태와 고체상태

기체상태에 대한 액체상태와 고체상태의 근본적 차이점은 분자간거리와 분자간인력이다. 분자간인력의 경우 기체상태는 무시할 수 있을 정도로 작아서 액체와 고체로부터 기체가 되는 것은 분자간인력이 끊어지는 것을 의미한다. 특히 액체의 경우 물질마다 끓는점(boiling point, b.p)이 다른 것은 액체분자간 인력이 다르기 때문이다. 액체와 고체에서 분자간인력은 고체가 상대적으로 크고 액체의 분자간인력은 끓는점 뿐만 아니라 점도(viscosity)에 비례한다. 액체와 고체의 구조적인 경계는 액정(liquid crystal)과 같이 유동적이며 온도와 압력 등에 의해 영향을 받는다. 액체와 고체에서 분자간거리가 최대한 가깝다는 것은 공통적인 성질이지만 고체는 대부분 분자배열이 질서정연한 반면 액체는 무질서하다.

6.2 물의 특성

생물체의 60~70%를 구성하는 성분인 물은 지구환경에서 가장 유용한 액체라 할 수 있다.

대부분의 액체들과는 달리 물은 고체상태인 얼음보다 무거우며 4℃일 때 가장 큰 1g/㎤의 밀도를 나타낸다.

6.2.1 강한 수소결합

물은 수소결합을 강하게 함으로써 분자간인력이 크고 높은 끓는점과 함께 큰 표면장력을 갖는다. 이 점은 액체로 존재하는 온도구간이 넓어 생물체들의 물이용을 용이하게 할뿐만 아니라 모세관현상을 통해 식물들이 뿌리로부터 흡수한 물을 위쪽으로 운반하는 것을 가능케 한다. 또한 강한 수소결합으로 인해 나타나는 큰 상전이열은 증발시 주위로부터 많은 에너지를 빼앗으므로써 냉각작용이 뛰어나다. 이것은 물이 다양한 형태의 소화용수로 사용되는 가장 큰 이유이다. 특히 로이드레만 전법과 같은 분무주수는 화재현장에서 물의 기화를 용이하게 하여 냉각소화 작용을 극대화 시킬 수 있고 높은 침투성은 소화효과를 증대시킨다. 물의 융해열(heat of fusion, ΔH_{fus})과 기화열(heat of vaporization, ΔH_{v})은 1g당 각각 80cal 와 539cal이며 추운 겨울에도 호수가 밑바닥까지 얼지 않는 것은 물의 큰 융해열 때문이다.

예제 6-1 물의 몰증발열은 몇 Joule인가?

풀이 물(H_2O)의 몰질량이 18g이고 1cal=4.18J이므로

몰증발열(J) = 539cal/g × 18g × 4.18J/cal

≒ 40,554(J)

정답 40.6 kJ

표 6.1 몇 가지 물질들의 끓는점(b.p)과 증발열(ΔH_v)

화학식	b.p(℃)	ΔH_v(kJ/mol)
H_2O	100	40.6
H_2S	-61	18.8
HF	17	30.2
HCl	-84	15.1
HBr	-70	16.3
HI	-37	18.2
NH_3	-33	23.6
PH_3	-88	14.6
SiH_4	-112	12.3
CH_4	-161	8.2
C_2H_6	-89	14.0
C_3H_8	-30	18.1
C_4H_{10}	0	22.3
C_6H_{14}	68	28.6
C_8H_{18}	125	33.9
F_2	-188	6.52
Cl_2	-34.6	20.4

6.2.2 큰 열용량

열용량(heat capacity)은 물체가 열을 저장하는 능력이며 열용량이 큰 물질은 외부로부터의 에너지유입에 대해 온도변화가 작아서 천천히 더워지고 천천히 식는 성질을 나타낸다. 비열(specific heat)은 단위질량당 열용량의 크기를 의미하며 어떤 물질 1g을 1℃상승시키는데 필요한 에너지이다. 물은 열용량이 커 1cal/g의 비열을 가지는데 철에 비해 10배 정도 큰 값이다. 물은 사람체중의 60~70%와 지구 표면적의 70%를 차지하여 낮과 밤이나 계절변화에 따른 체온변화와 일교차온도가 크지 않도록 작용한다. 또한 물은 큰 열용량으로 인해 보일러 등 우리 생활 전반과 공업적 냉각용수에 이르기까지 다양한 분야에 이용된다.

표 6.2 몇 가지 물질의 비열

물질	비열	
	J/g · ℃	cal/g · ℃
$H_2O(\ell)$	4.18	1.00
$H_2O(S)$	2.09	0.50
$H_2O(g)$	1.97	0.47
$C_2H_5OH(\ell)$	2.46	0.59
Al(s)	0.90	0.22
Fe(s)	0.44	0.11
Cu(s)	0.39	0.09
Ag(s)	0.23	0.05
Au(s)	0.13	0.03
나무	1.80	0.43

6.3.3 큰 용해성

물은 다양한 종류의 물질들을 잘 녹일수 있어서 용해성(solubility)이 크다. 물에 용해된 무기이온들은 물과 함께 식물의 뿌리로 흡수되어 영양분으로 공급되고 지표면의 여러 오염물질들은 물의 강수작용으로 인해 용해되어 제거된다. 바닷물은 다양한 염(salt)을 녹이고 있어서 0℃에서도 얼지 않고 겨울에도 선박의 항해를 가능케 한다. (7.2절 참고) 또한 인체는 신진대사 노폐물들을 물에 녹이므로써 땀이나 배설물을 통해 손쉽게 체외로 배출시킨다.

6.3 고체의 구조

고체(solid)는 일정한 질량과 부피와 외형을 갖는다. 그러나 내부적인 분자배열에서는 규칙적인 결정형(crystal)과 불규칙한 무정형(amorphism)의 두 종류로 구분되는데 반복되는 단위(repeating unit)가 있으며 결정구조이고 없으면 무정형이다.

6.3.1 결정계

수많은 결정구조들은 공간군(space group)이라는 대칭화학적 방법에 의해 230여 종류로 구분할 수 있고 이를 더 단순화 하면 14개의 결정계로 분류할 수 있는데 이 14개의 결정계를 브라바이스 14결정계(Bravais 14 crystal system)라고 한다. 즉 결정체를 이루는 반복단위를 단위세포(unit cell)또는 단위격자라고 하는데 단위세포의 세 축을 a, b, c,로 하고 대각을 각각 α β γ로 표현하면 다음과 같은 14개의 결정계가 분류된다.

표 6.3 Bravais 14 결정계

결정계	구조	유형	예
입방결정 (cubic)	$a=b=c$, $\alpha=\beta=\gamma=90°$	P, I, F	소금, 염소산나트륨
정방결정 (tetragonal)	$a=b\neq c$, $\alpha=\beta=\gamma=90°$	P, I	금홍석
사방결정 (orthorhombic)	$a\neq b\neq c$, $\alpha=\beta=\gamma=90°$	P, I, C, F	사방황, 황산납
마름모결정 (rhombohedral)	$a=b=c$, $\alpha=\beta=\gamma\neq 90°$	R(=P)	방해석
육방결정 (hexagonal)	$a=b\neq c$, $\alpha=\beta=90°, \gamma=120°$	P	흑연
단사결정 (monoclinic)	$a\neq b\neq c$, $\alpha=\gamma=90°\neq\beta$	P, C	단사황, 붕사
삼사결정 (triclinic)	$a\neq b\neq c$, $\alpha\neq\beta\neq\gamma\neq 90°$	P	중크롬산칼륨

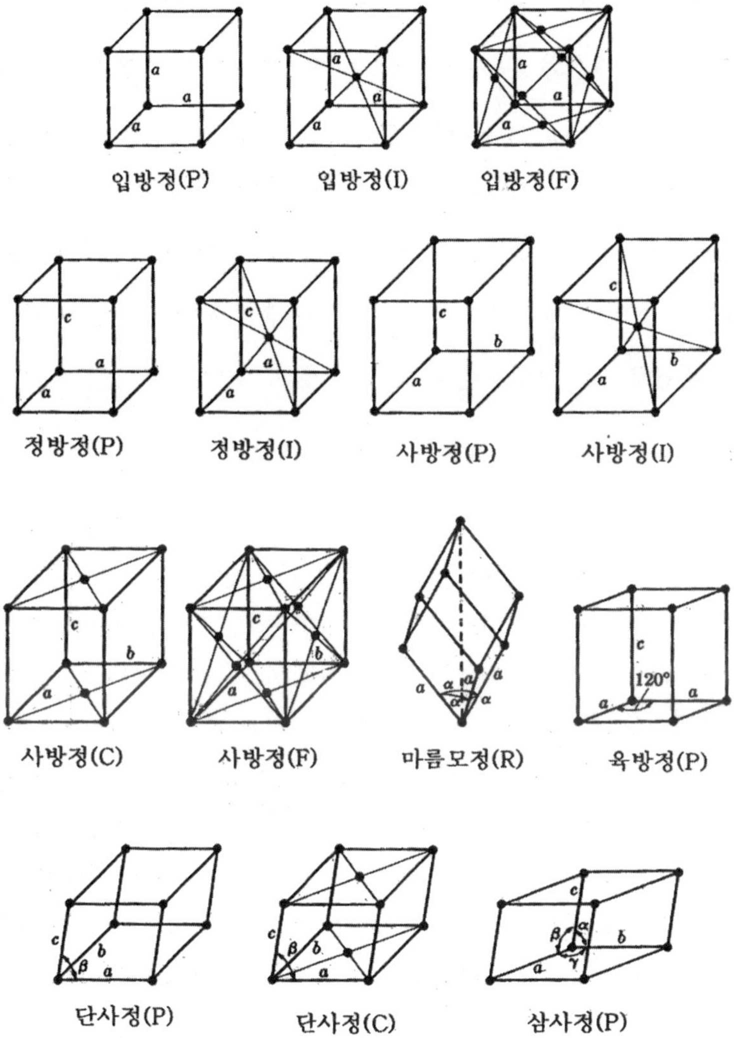

그림 6.1 Bravais 14 결정계

결정계의 유형은 P형, I형, F형, C형의 4가지로 구분한다. P형은 단순(simple)형이며 육면체 단위세포의 꼭지점에만 원자들이 위치하는 형태이므로 단위세포내 원자의 갯수는 한개 이다.($\frac{1}{8}$부피원자 × 8개) I형은 체심(body centered)형이며 육면체 단위격자의 꼭지점과 내부에 원자가 위치하므로 단위세포 내 원자의 갯수는 두 개이다.($\frac{1}{8}$부피원자 × 8개, 1원자 × 1개) F형은 면심(face centered)형이고 육면체 꼭지점과 6개의 면 중심에 원자가 위치하므로 단위세포내 원자의 갯수는 4개이다. ($\frac{1}{8}$부피원자 × 8개, $\frac{1}{2}$ × 6개) C형은 저심(base centered)형이고 육면체 단위격자의 꼭지점과 아래위 두면의 중심에 원자가 존재하므로 단위세포내 원자의 갯수는 2개이다. ($\frac{1}{8}$부피원자 × 8개, $\frac{1}{2}$×2개) 마름모 결정 R형은 관습명(conventional name)이며 P형과 같다. 흔히 P형 입방결정은 단순입방정(simple cubic, sc)이라고 하며 I형 입방결정은 체심입방정(body centered cubic, bcc), F형 입방결정은 면심입방정(face centered cubic, fcc)이라 한다. 이와 같은 방법으로 C형 사방결정은 저심사방정(base centered orthorhombic, bco)이며 R형 마름모결정은 단순마름모정(simple rhombohedral, sr)이라고 한다. 단위세포내 원자들이 입체적으로 가장 조밀하게 채워지는 것을 조밀충진(close packing)이라하며 입방정 조밀충진(cubic close packing, ccp)과 육방정 조밀충진(hexagonal close packing, hcp)이 대표적인 형태이다.

6.3.2 밀러지표

밀러지표(Miller index)는 밀러지수라고도 하며 결정 구조의 단위격자내 특정방향이나 특정 면을 표시하는 지표이다. 삼차원 공간을 규정하는 세 축의 길이 성분을 각각 h κ ℓ로 표기하여 방향은〔h κ ℓ〕로, 결정면은 $(\frac{1}{h}, \frac{1}{k}, \frac{1}{\ell})$로 표현하는 방법이다. 이때 h, κ, ℓ은 단위격자와 만나는 각 축의 벡터(vector)성분이며 쉽게는 각 축의 절편(intercept)과 같다. 예로서 x축 방향은 단위격자를 기준으로 할 때 $h=1$, $\kappa=0$, $\ell=0$ 되는 지점과 만나므로 〔100〕이며 같은 방법으로 y축 방향과 z축 방향은 각각 〔010〕과 〔001〕이 된다. 예를 들어 원점으로부터 x, y절편이 모두 1인 지점을 지나는 방향은〔110〕이며 그 반대 방향은〔$\bar{1}\bar{1}0$〕으로 표현한다. 결정면의 경우 X-Y 평면은 세 축과의 절편이 $h=\infty$, $\kappa=\infty$, $\ell=1$ 이므로(001)이다. 단 방향표기에 있어서 h,κ,ℓ 의 값이 1이하의 분수일 경우 정수로 만들기 위해 전체를 적당한 정수로 곱한다. 또한 결정은 단위격자의 반복된 구조이므로 특정 방향이나 결정면은 평행된 방향과 면들을 가진다. 평행된 방향과 결정면들의 모두를 표현할 때는 각각 $\langle h\ \kappa\ \ell \rangle$, $\{\frac{1}{h}, \frac{1}{\kappa}, \frac{1}{\ell}\}$로 표기 한다.

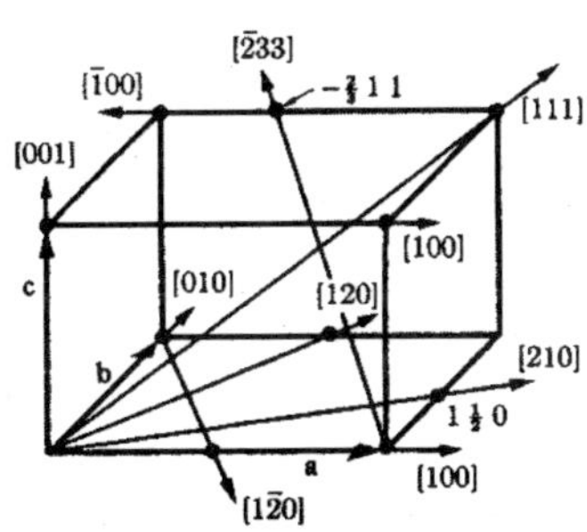

그림 6.2 밀러지표의 방향들

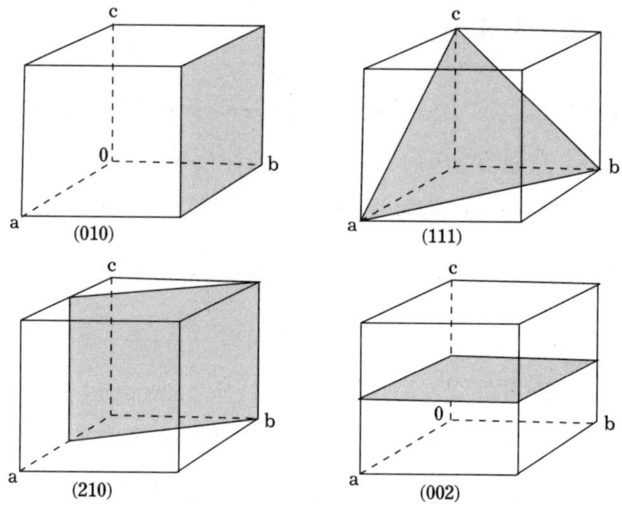

그림 6.3 밀러 지표의 결정면

6.3.3 Bragg 법칙

규칙적인 결정구조는 X선 회절분석(x-ray diffractometry)을 통해 밝힐 수 있으며 브래그의 법칙(Bragg's law)이 기본 원리이다.

$$\text{Bragg's law} : n\lambda = 2d \cdot \sin\theta \qquad (식\ 6.1)$$

(n : 정수배, λ : X선 파장, d : 결정면간 거리, θ : X선 입사각)

면간거리(d)는 동일한 밀러지표를 가지는 결정면간의 거리를 가리키며 결정구조에 따라 계산방법도 달라진다. 입방결정(cubic)의 경우 면간거리(d)는 다음 식으로 계산할 수 있다.

$$d_{h\kappa\ell} = \frac{a}{(h^2 + \kappa^2 + \ell^2)^{\frac{1}{2}}} \qquad (식\ 6.2)$$

여기서 a는 단위세포상수(lattice parameter)로서 입방정 단위세포 한 변의 크기이다.

예제 6-2 a=10^{-9}m인 입방결정내 결정면(122)에 30 ° 의 입사각으로 조사된 X선의 파장은 얼마인가? n=1,2에 대해 계산하시오.

풀이 먼저 d_{122}를 구하면

$$d_{122}(\text{cubic}) = \frac{1 \times 10^{-9} m}{(1^2+2^2+2^2)^{\frac{1}{2}}} = 3.33 \times 10^{-10}\text{m}$$

그러므로 $n \cdot \lambda = 2 \cdot (3.33 \times 10^{-10}\text{m}) \cdot \sin 30° = 3.33 \times 10^{-10}\text{m}$

따라서 $n=1 \rightarrow \lambda = 3.33 \times 10^{-10}\text{m}$

$n=2 \rightarrow \lambda = 1.67 \times 10^{-10}\text{m}$

정답 3.33×10^{-10}m , 1.67×10^{-10}m

6.3.4 격자점 화학종에 의한 분류

결정계는 단위세포의 형태로 구분하는 방법(Bravais 결정계)과 격자점을 점유하는 화학종에 따라 구분하는 두 가지 분류법이 있다. 격자점은 결정내 반복단위인 단위세포의 꼭지점이며 여기에는 이온, 분자, 원자, 금속이온 등이 존재하는데 이를 각각 이온성고체, 분자성고체, 공유결합성 고체(원자성 고체), 금속성 고체라고 한다.

표 6.4 격자점 화학종에 의한 결정성 고체의 분류

종류	격자점 화학종	입자간 인력	특성	예
이온성 고체	양이온과 음이온	이온 결합	이온화합물 특성	NaCl, CaF_2
분자성 고체	분자	분자간 인력	강도가 작다	H_2O, dry ice
공유결합성 고체 (원자성 고체)	원자	공유 결합	강도가 크다	diamond, SiC
금속성 고체	금속 양이온	금속 결합	금속 특성	Cu, Au, Fe, Na

6.3.5. 결정 결함

어떤 결정이든 결정격자의 규칙성이 100%인 완전한 결정(perfect crystal)은 없으며 격자점에 위치해야할 화학종이 바뀌거나 없는 경우 또는 위치가 약간 벗어난 경우 등의 결정결함(crystal defect)이 부분적으로 존재한다. 또 다른 형태의 결정결함은 결정면이 어긋나는 전위(dislocation)이다. 규칙적인 결정면의 반복 가운데 비정상적인 결정면이 부분적으로 끼어드는 선전위(edge dislocation)와 결정면의 정상적인 배열방향에 벗어나는 결정면의 배열인 나사전위(screw dislocation)의 두 가지 형태가 있다. 선전위와 나사전위는 각각 모서리 어긋나기와 나선형어긋나기라고도 한다.

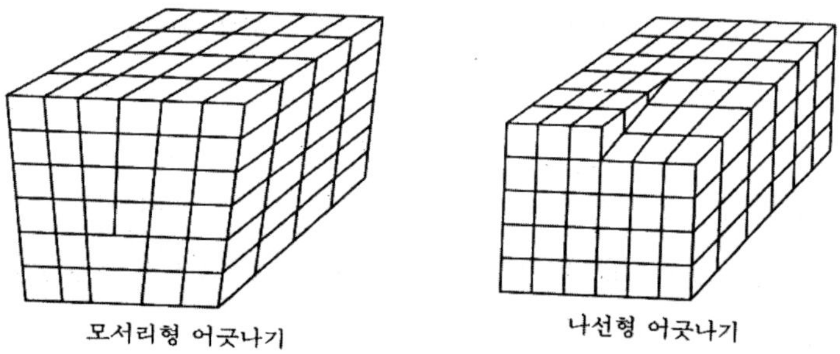

그림 6.4 결정내 선전위와 나사전위

6.4 액정

몇 종류의 고체를 가열하여 액체로 변화시킬 때 특정한 온도 구간에서 액체성질과 고체성질의 중간적 형태의 안정된 분자 구조를 나타내는데 이를 액정(liquid crystal)이라 한다.

액정은 분자들의 배열이 액체상과 같이 완전히 무질서한 상태는 아니며 대부분 길고 막대 모양으로 된 분자들이 어느 정도 질서 있게 배열되어 있다. 질서도에 따라 액정은 네마틱(nematic), 스멕틱(smectic), 콜레스테릭(cholesteric)의 세 종류로 나눈다. 네마틱은 끝이 정열되지 않은 한 줌의 연필과 같이 액정 분자들이 일정 축을 따라 나란히 정열하지만 분자 끝은 질서가 없다. 그러나 스멕틱은 끝도 가지런한 한 줌의 연필처럼 분자들이 한 쪽 방향으로 나란히 정열하고 그 끝도 질서정연하다. 콜레스테릭은 각 분자 평면마다 네마틱의 분자 배열을 하고 있으나 평행된 다른 분자 평면과는 분자 배열의 방향이 뒤틀려진(twisted) 상태의 3차원적 특성을 나타낸다.

액정은 독특한 분자 배열로 인해 온도와 압력 등의 약한 외부 요인에 의해서도 쉽게 분자간인력이 영향을 받아 변색 등의 차이를 나타내므로 액정모니터, 온도감지기 등 다양한 용도로 이용되고 있다.

연 습 문 제

1 액체와 기체의 근본적 차이점은 무엇인가?

2. 50℃의 물과 95℃의 물의 밀도는 어느 쪽이 큰가? 그 이유는?

3 표 6.1을 참고하여 125℃, 액체 옥테인(C_8H_{18}) 228g을 전부 증발시키는데 필요한 에너지는 몇 Joule인가?

4 9톤(ton)의 물이 있는 연못 수면이 추운 겨울 1톤이 얼어 버렸다. 발생한 융해열의 절반이 수중으로 전달되었다면 수온은 몇 도 상승하는가?

5 표 6.1을 참고하여 할로겐 수소화물(HF, HCl, HBr, HI)의 끓는점을 (a) 비교하고 (b) HF의 특이성의 이유를 설명하라.

6 20℃, 500g의 알루미늄 냄비 속에 같은 온도의 물이 1kg 이 들어있다. 물과 냄비가 100℃에 도달하기 위해 몇 J의 에너지가 필요한가?

7 단사결정의 2가지 유형을 영문약자로 표현하라.

8 x축과 z축의 절편이 각각 1이고 y축에 평행한 평면의 Miller지표는 ?

9 원점으로부터 h, κ , ℓ이 각각 $\frac{1}{2}$, $\frac{1}{2}$, 1 되는 지점을 지나는 방향의 Miller지표는?

10 단위세포상수(a)가 1.2×10^{-9}m인 입방결정의 (212)면에 조사된 X선의 파장은 2×10^{-10}m이다. 입사각은 몇 도인가?(n=1인 경우)

제7장 용 액

용액(solution)은 균일혼합물이어서 두 종류 이상의 물질이 균일하게 섞여 있다. 혼합된 물질들 중 상대적으로 자유스럽거나 양이 많은 쪽이 용매(solvent)이고 그 나머지는 모두 용질(solute)이다. 용액은 액체상에 한정되지 않고 기체와 고체도 가능한데 공기는 기체용액이며 합금은 대표적인 고체용액(solid solution)이다. 고체용액은 고용체라고도 하며 섞여지는 두 원자의 크기가 비슷하여 서로간에 자리바꿈되는 치환형고용체(substitutional solid solution)와 작은 원자가 큰 원자들 틈사이에 끼어드는 침입형고용체(interstitial solid solution)의 두 가지 형태가 있다.

7.1 용액의 농도

용액의 묽고 진함의 정도를 표현하는 농도(concentration)는 용액에 대한 용질의 상대적인 양을 나타내며 다음과 같은 여러 표현법이 있다.

7.1.1 백분율농도 (%농도)

용액의 무게와 부피에 대한 용질의 무게와 부피를 각각 무게백분율(weight percent, wt.%)과 부피백분율(volume percent, vol.%) 이라 한다.

예제 7-1 10g의 설탕이 녹아있는 설탕물의 무게가 50g이라면 설탕물의 농도는 몇 wt.%인가?

풀이 설탕은 용질이며 설탕물은 용액이므로 wt.%는

$$\frac{10g}{50g} \times 100(\%) = 20\%$$

정답 20 wt.%

예제 7-2 대기의 성분은 부피백분율로 질소와 산소가 99%이며 나머지 1%는 아르곤과 이산화탄소 등으로 구성된다. 질소의 대기 중 농도가 78 vol.%이라면 산소의 농도는?

풀이 백분율 농도의 합은 항상 100이 되어야 하므로 산소농도는 21vol.% 이다.

정답 21Vol.%

7.1.2 몰농도

몰농도(molarity, M)는 화학에서 가장 보편적으로 사용하는 농도 단위이며 용액1L속에 녹아 있는 용질의 몰(mol)수를 가리킨다.

$$몰농도(M) = \frac{용질\,mol수}{용액\,1L} \quad (식\ 7.1)$$

여기서 용질의 mol 수는 용질의 질량을 몰질량으로 나눈 값이며 우리말의 표현이 동일하게 '몰'이어서 용질의 양(mol)과 농도(M)를 가리키는 두 단위가 혼돈되지 않도록 주의해야 한다. 예로서 원자량이 각각 23amu, 16amu, 1amu인 Na, O, H로 구성된 NaOH의 몰질량은 40g이다.

예제 7-3 40g의 NaOH가 녹아있는 500mL NaOH수용액의 몰농도는 얼마인가?

풀이 500ml속의 40g은 1L속의 80g과 같은 농도이고

80g의 NaOH는 2mol NaOH이므로 (NaOH의 몰질량이 40g)

$$몰농도(M) = \frac{용질\,mol수}{용액\,1L} = \frac{2mol\,NaOH}{용액\,1L} = 2M$$

정답 2M

7.1.3 몰랄농도

몰랄농도(molality, m)는 용매 1kg에 대한 용질의 mol수를 가리키며 용액의 총괄성(7.2절)에 대한 계산 등 여러 방면에 이용된다.

$$몰랄농도(m) = \frac{용질\,mol수}{용매\,1kg} \quad (식\ 7.2)$$

예제 7-4 물100g에 2g의 NaOH를 첨가하며 NaOH 수용액을 제조하였다.
이 용액의 몰랄농도(m)는 얼마인가?

풀이 물100g : NaOH 2g = 물 1kg : NaOH 20g이고

NaOH 20g = NaOH 0.5mol 이므로

$$몰랄농도(m) = \frac{용질\,mol수}{용매\,1kg} = \frac{0.5mol\,NaOH}{H_2O\,1kg} = 0.5m$$

정답 2M

7.1.4. 노르말농도

노르말농도(normality, N)는 용액 1L속에 포함된 용질의 당량수(equivalence number)로 표현되며 산 용액이나 염기성 용액의 농도를 표현하는데 주로 사용된다.

$$노르말농도(N) = \frac{용질\ 당량수}{용액\ 1L} \qquad (식\ 7.3)$$

여기서 당량수는 물질의 mol수에 그 물질 분자의 물질적 역할을 고려하는 정수 n을 곱한 값이다. n은 대부분 산(acid)과 염기(base) 한 분자가 물 속에서 내어놓는 수소이온(H^+)과 수산화이온(OH^-)의 갯수를 의미한다.

예제 7-5 49g의 황산(H_2SO_4)이 포함된 500ml 황산수용액은 몇 N인가?

풀이 용액 500mL : 황산 49g = 용액 1L : 황산 98g 이며
황산의 몰질량은 98g이므로 용액 1L속 황산은 1mol
$H_2SO_4 \rightleftarrows 2H^+ + SO_4^{2-}$ 에서
황산분자 한 개는 두 개의 수소이온을 생성하므로 n=2

$$노르말농도(N) = \frac{용질 당량수}{용액 1L} = \frac{2 \times 1mol}{H_2SO_4 \ 수용액 1L} = 2N$$

정답 2N

7.1.5 ppm과 ppb

환경오염물질의 대기나 물속 농도와 같이 아주 묽은 농도를 표현하는 방법이 ppm(parts per million, 10^{-6})과 ppb (parts per billion, 10^{-9})이다. 즉 ppm은 백만분의 일을 나타내고 ppb는 십억분의 일을 의미한다. 수용액의 경우 물 1L 속에 들어있는 특정물질의 mg수는 ppm이며 μg수는 ppb이다.

예제 7-6 지표수중 용존산소량의 농도가 7.5ppm 이상이면 1급수이다.
1급수 기준에서 물 100g 속에 녹아 있는 산소의 무게는 얼마 이상인가?

풀이 1급수의 경우 물 1L(=1000g)속에 7.5mg 이상이므로
100g의 물속에는 0.75mg 이상의 산소가 녹아 있어야 한다.

정답 0.75mg 또는 7.5×10^{-4}g

7.1.6 용액의 묽힘

진한 농도의 용액을 용매로 희석하며 묽은 용액을 만드는 과정이 묽힘(dilution)이다.

용액의 묽힘은 다음과 같은 관계를 통해 행해진다.

$$M_1 \times V_1 = M_2 \times V_2 \qquad (식\ 7.4)$$

(M_1 : 물질1의 몰농도, M_2 : 물질2의 몰농도,
V_1 : 물질1의 부피, V_2 : 물질2의 부피)

예제 7-7 10M 공업용 염산(HCl)을 물로 묽혀 0.1M 염산 수용액 1L를 제조하고자 한다. 소모되는 공업용 염산의 부피는 몇 mL인가?

풀이 $M_1 \times V_1 = M_2 \times V_2$

$\rightarrow (10M)(V_{10M}) = (0.5M)(1L)$

$\rightarrow V_{10M} = 0.05L = 50mL$

정답 50mL

산성 및 염기성 용액의 묽힘 과정에서 황산의 희석반응처럼 상당량의 열이 발생하는 경우도 있으므로 용액을 묽힐 때에는 희석방법과 위험성에 대해 잘 알아둘 필요가 있다.

7.2 용액의 총괄성

용액의 종류와 무관하게 모든 종류의 용액이 가지는 공통적인 성질이 용액의 총괄성(colligative property)이다. 이 성질들은 묽은 농도에서 더 잘 나타나므로 묽은 용액에서의 총괄성이라고

표현하기도 한다. 용액의 총괄성은 크게 증기압강하(vapor pressure depression), 비점상승(boiling point elevation), 빙점강하(freezing point depression), 삼투압(osmotic pressure)의 4가지이며 용매에 비해 용액이 되므로써 나타나는 특성이며 용액의 농도에 비례한다는 공통점이 있다.

7.2.1 증기압강하

증기압은 액체가 증발하여 기체로 되었을 때의 압력이다. 용액의 총괄성으로서 증기압강하란 용액의 증기압이 용매로만 이루어져 있을 때의 증기압에 비해 낮아진다는 것이다. 즉 100% 용매로만 이루어진 순수용매증기압($P^{\circ}_{용매}$)에 비해 비휘발성 용질이 섞인 용액의 경우 항상 증기압이 낮아지며 용질의 양이 증가함에 따라(용매의 몰분율 $X_{용매}$가 작아질수록)더욱 더 낮아짐을 의미한다. 이 증기압강하 현상을 수식으로 표현한 것이 라울의 법칙(Raoult′s law)이다.

$$\text{Raoult's law} \quad P_{용액} = X_{용매} \cdot P^{\circ}_{용매} \qquad (식\ 7.5)$$

(여기서 $P_{용액}$은 용액의 증기압, $X_{용매}$는 용매의 몰분율, $P^{\circ}_{용매}$는 순수용매 증기압)

이 식은 비휘발성 용질의 양이 많아질수록 용매의 몰분율은 1이하의 작은 값으로 점점 작아지게 되어 용액의 증기압은 순수용매 증기압에 비해 낮아짐을 나타내고 있다. 참고로 한 쌍의 휘발성 물질이 혼합된 용액에서 각 성분의 분압과 전압이 라울의 법칙과 일치하면 이 용액을 이상용액(ideal solution)이라 하는데 실제용액들은 대부분 라울의 법칙과는 차이가 있어 증기압이 양의 편차(positive deviation)또는 음의 편차(negative deviation)를 나타낸다. 실제용액에서의 편차는 분자간 인력에 기인된 것이며 동종분자간 인력이 이종분자간 인력보다 강하면 용액의 증기압은 양의 편차를 나타내고 이종분자간 인력이 동종분자간 인력에 비해 강하면 음의 편차를 나타낸다. 예로서 벤젠-클로로포름 계는 거의 이상용액과 같으나 아세톤-물 계는 음의 편차를, 에탄올-헥세인 계는 양의 편차를 나타낸다.

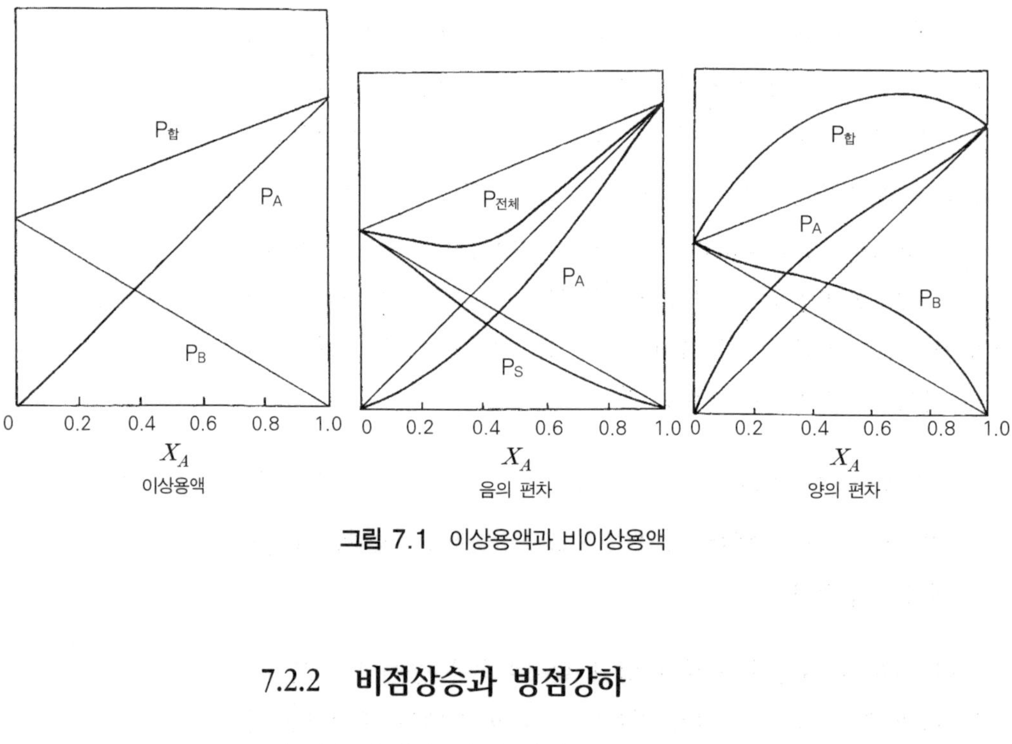

그림 7.1 이상용액과 비이상용액

7.2.2 비점상승과 빙점강하

용액은 용매일 때에 비해 끓는 온도는 더 올라가고 어는 온도는 더 내려간다. 예로서 순수한 물은 대기압하에서 100°C에서 끓고 0°C에서 얼지만 설탕물은 100°C 이상에서 끓고 0°C 이하에서 결빙된다.

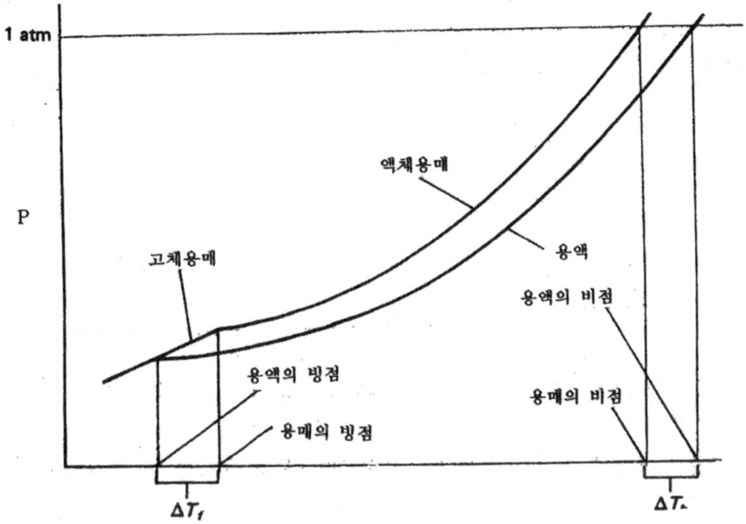

그림 7.2 용매와 용액의 증기압 곡선

비점상승과 빙점강하는 모든 용액이 공통적으로 가지는 총괄성인데 그 크기는 용액의 농도에 비례한다. 즉 비점상승폭(ΔT_b)과 빙점강하폭(ΔT_f)은 용액의 몰랄농도(m)에 비례한다.

$$\Delta T_b = K_b \cdot m \qquad (식\ 7.6)$$

$$\Delta T_f = K_f \cdot m \qquad (식\ 7.7)$$

(K_b : 몰랄비점상승상수, K_f : 몰랄빙점강하상수)

표 7.1 몇가지 물질의 K_b , K_f 및 상전이온도

물질	K_b(°C/m)	T_b(°C)	K_f(°C/m)	T_f(°C)
H_2O(물)	0.51	100	1.86	0
C_6H_6(벤젠)	2.53	80.1	5.12	5.5
CH_3COOH(초산)	2.93	118	3.90	17
C_2H_5OH(에탄올)	1.22	78.4	1.99	-115
$CHCl_3$(클로로포름)	3.63	61.2	4.68	-63.5
CCl_4(사염화탄소)	5.02	76.8	29.8	-22.3

예제 7-8 0.2m 설탕물 수용액은 끓는점이 몇 °C인가?

풀이 먼저 식7.6을 통해 ΔT_b를 계산하면

$\Delta T_b = K_b \cdot m = (0.51°C/m) \cdot (0.2m)$

$\doteqdot 0.10$

정답 100.1°C

7.2.3 삼투압

농도차가 있는 두 용액에서 묽은 농도 용액의 용매가 반투막(semipermeable membrane)을 통해 진한 용액쪽으로 이동하는 삼투현상(osmosis)을 볼 수 있고 삼투현상에서의 최대 압력을 삼투압(osmotic pressure, π)이라고 한다. 용액의 총괄성으로서 삼투압은 순수 용매에 비해 용액이 되면 삼투압이 발생하고 그 크기는 용액의 농도에 비례한다는 것이다.

$$삼투압(\pi) = M \cdot R \cdot T \qquad (식\ 7.8)$$

(M : 몰농도, R :기체상수, T :용액의 절대온도)

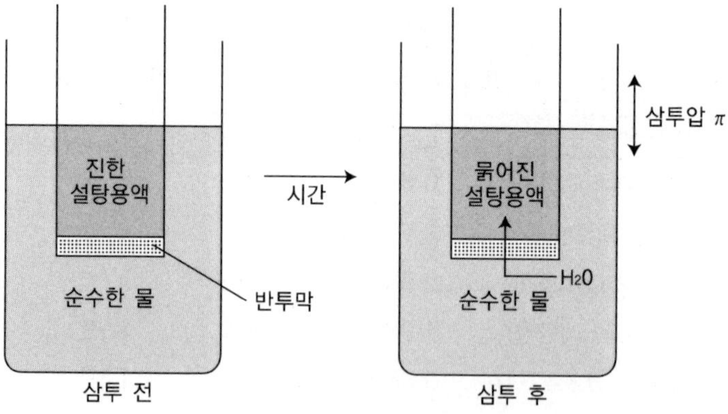

그림 7.3 삼투작용과 삼투압

그러나 진한 용액에 삼투압이상의 압력이 제공되면 진한 용액의 용매가 묽은 용액쪽으로 이동하는 역삼투작용(reverse osmosis, RO)이 진행되며 이를 일상생활에 이용한 것이 가정용 정수기와 해수담수화시설 등이다.

7.2.4 전해질용액

지금까지 총괄성을 표현하는 모든 수식들(식 7.5~식 7.8)은 용질 분자가 용액내에서 해리(dissociation)되지 않는 비전해질(nonelectrolyte)용액을 대상으로 서술되었다. 그러나 소금과 같이 대부분의 전해질(electrolyte)들은 용액속에서 이온으로 해리되어 용질 입자인 이온의 갯수가 해리되기전의 용질 분자 갯수에 비해 두 배 혹은 그 이상의 정수배가 되므로 총괄성도 그 만큼 강하게 나타난다. 왜냐하면 용액의 총괄성은 용액의 종류와 무관하고 농도에만 의존하며 농도는 일정부피의 용액속에 포함된 용질의 갯수(mol수)를 의미하기 때문이다. 전해질용액이 비전해질 용액에 비해 총괄성이 강하게 나타나는 배율을 반트호프인자(Van′t hoff factor, i)라고 한다. 아주 묽은 용액의 경우 반트호프 인자는 용액내 해리된 이온의 갯수와 거의 일치하며 농도가 증가할수록 약간 감소한다. 즉 Na^+ 와 Cl^- 로 해리되는 NaCl은 동일한 농도의 비전해질용액에 비해 총괄성이 두 배 정도 강하고 한 개의 Ca^{2+} 와 두 개의 Cl^-로 해리되는 $CaCl_2$는 반트호프인자가 거의 3으로서 비전해질용액에 비해 총괄성이 3배 강하게 나타난다.

표 7.2 몇가지 농도에서의 Van't hoff인자 (i)

전해질	0.1m	0.01m	0.001m	완전해리시
NaCl	1.87	1.94	1.97	2.00
KCl	1.85	1.94	1.98	2.00
$MgSO_4$	1.21	1.53	1.82	2.00
K_2SO_4	2.32	2.70	2.84	3.00

7.3 용해도

용해도(solubility, s)는 일반적으로 용액내 용해된 용질의 양을 의미하며 구체적으로 용해가능한 최고의 용질량을 가리킨다. 0°C 물 100mL속에는 35.7g의 소금이 녹을 수 있다. 이때 35.7g이 용해도이며 용해도만큼의 용질이 녹아 있는 용액을 포화용액(saturated solution)이라 한다. 용해도보다 더 많은 양의 용질을 넣어 주면 용해도만큼만 용해되고 나머지 용질들은 침전된다. 용액내 용질량이 용해도보다 작으면 불포화(unsaturated)되었다고 표현한다. 액체용액에 대한 고체용질의 용해도는 대부분 온도에 비례하여 상승하나 Na_2SO_4와 $Ce_2(SO_4)_3$등과 같이 극히 일부분의 용질은 수용액에서의 용해도가 온도에 반비례한다.

7.4 헨리의 법칙

액체용액에 대한 기체용질의 용해도는 고체용질의 경우와 반대이다. 기체의 용해도는 기체의 분압에 비례하고 용액의 온도에 반비례한다. 헨리의 법칙(Henry's law)은 기체용질의 액체용액에 대한 용해도를 나타내는 식이다.

$$\text{Henry's law} : C_g = k_g \cdot P_g \qquad (\text{식 } 7.9)$$

(C_g : 용질기체의 용액내 농도, k_g : 헨리상수,
P_g : 기체상태의 분압)

즉 액체 용액에 대한 기체의 용해도는 기체상태의 분압 P_g에 비례하나 비례상수 k_g가 온도에 반비례하는 값이어서 저온 용액이 고온 용액에 비해 기체의 용해도가 크다. 탄산음료 캔을 개방하면 낮아진 기체 분압으로 인해 음료 액체로부터 이산화탄소 기체가 발생하는 것과 같이 일명 잠수병이라고 알려진 캐송병(caisson disease)도 동일한 현상이다.

7.5 난용성염의 용해도

이온화합물은 대부분 물에 잘 녹지만 용해도가 지극히 낮은 난용성염(slightly soluble salt)도 있다. 이런 난용성염들의 용해도에 대해 표현방법과 영향인자는 무엇인지 알아보자.

7.5.1 용해도곱상수

난용성염의 용해도는 매우 작아서 용해도곱상수(solubility product. K_{sp})로 표현한다. 용해도곱상수는 난용성염이 용액 중에서 충분히 용해된 후 용액내 이온농도를 모두 곱한 값이다. 예로서 난용성염인 AgCl이 물 속에서 충분히 해리된 후 Ag^+이온의 농도 $[Ag^+]$와 Cl^-이온의 농도 $[Cl^-]$를 곱한 값이 $K_{sp,AgCl}$이다. 난용성염의 용해도는 K_{sp}로 나타내며 K_{sp}가 클수록 용해도도 상대적으로 크다.

$$AgCl \rightleftarrows Ag^+ + Cl^-$$

$$K_{sp} = [Ag^+][Cl^-]$$

표 7.3 몇 가지 난용성염의 용해도곱상수

화학식	K_{sp}	화학식	K_{sp}	화학식	K_{sp}
MgF_2	7.3×10^{-9}	$MgCO_3$	3.5×10^{-8}	$Al(OH)_3$	2×10^{-33}
CaF_2	1.7×10^{-10}	$CaCO_3$	9×10^{-9}	$Ni(OH)_2$	1.6×10^{-14}
PbF_2	3.2×10^{-8}	$PbCO_3$	7.4×10^{-14}	$Cu(OH)_2$	4.8×10^{-20}
$AgCl$	1.7×10^{-10}	CaC_2O_4	2.3×10^{-9}	$Zn(OH)_2$	4.5×10^{-19}
$PbCl_2$	1.6×10^{-5}	MgC_2O_4	8.6×10^{-5}	$CaSO_4$	2×10^{-4}
Hg_2Cl_2	2×10^{-18}	PbC_2O_4	2.7×10^{-11}	$BaSO_4$	1.5×10^{-9}
$AgBr$	5×10^{-15}	$Mg(OH)_2$	7.1×10^{-12}	$PbSO_4$	6.3×10^{-7}
$PbBr_2$	2.1×10^{-6}	$Ca(OH)_2$	6.5×10^{-6}	$CaCrO_4$	1.0×10^{-4}
AgI	8.5×10^{-17}	$Fe(OH)_2$	2×10^{-15}	$BaCrO_4$	2.4×10^{-10}
PbI_2	1.4×10^{-8}	$Fe(OH)_3$	1.1×10^{-36}	$PbCrO_4$	1.8×10^{-14}

용해도곱상수는 난용성염으로부터 해리된 이온들의 최대농도 상태에서의 곱이므로 일반적인 이온농도의 곱보다는 크다. 따라서 K_{sp}와 일반적인 이온농도의 곱을 비교하면 포화상태와 침전 여부를 알 수 있다.

K_{sp} 〉 이온농도곱 : 불포화용액(침전없음)
K_{sp} = 이온농도곱 : 포화용액(침전없음)
K_{sp} 〈 이온농도곱 : 과포화용액(침전생성)

7.5.2 용해도 영향인자

난용성염의 용해도에 영향을 주는 인자는 공통이온효과(common ion effect), 용액의 산성도, 착이온생성 등이다. 공통이온은 NaCl과 AgCl의 경우 염소이온(Cl^-)을 가리키며 난용성염인

AgCl이 녹아 있는 수용액 속에 NaCl을 첨가하면 AgCl의 용해도가 더욱 더 감소하는 현상이 공통이온효과이다. 또 다른 예로서 난용성염인 CaF_2 수용액 속에 NaF를 첨가하면 공통이온효과에 의해 CaF_2의 용해도가 감소한다. 즉 난용성염의 용해도는 공통이온의 존재로 인해 감소한다. 난용성염이 녹아 있는 수용액에 산을 첨가하여 산성도를 높이면 난용성염의 용해도가 증가한다. 특히 수산화물염의 경우 해리된 수산화이온(OH^-)이 산(H^+)에 의해 물로 바뀜에 따라 $[OH^-]$가 감소하게 되고 용해도는 증가하게 된다. 이에 관한 이론적 배경은 8장에서 소개하고자 한다. (8.2 르샤뜰리에의 원리)

$$\text{난용성염 } Mg(OH)_2 \rightleftarrows Mg^{2+} + 2OH^-$$
$$2OH^- + 2H^+(\text{산}) \rightarrow 2H_2O$$

난용성염이 용해되어 있는 용액 속에 리간드를 집어넣으면 배위화합물인 착이온(complex ion)이 생성되어 난용성염의 용해도가 증가한다. 예로서 AgCl 수용액에 리간드인 NH_3를 넣어주면 $Ag(NH_3)_2^+$ 착이온이 생성되고 Ag^+의 농도 감소에 따른 AgCl의 추가적인 용해가 진행되어 용해도가 증가한다.(8.2 르샤뜰리에의 원리)

$$\text{난용성염 } AgCl \rightleftarrows Ag^+ + Cl^-$$
$$Ag^+ + 2NH_3 \rightarrow Ag(NH_3)_2^+$$

7.6 콜로이드 용액

콜로이드(colloid)는 $10^{-6} \sim 10^{-9}$m 크기의 입자를 가리키며 수 십에서 수 천개의 분자들이 모여있는 크기이다. 여러 종류의 콜로이드 입자가 섞여 있는 용액을 분산용액(dispersing solution)이라 하고 그 양에 따라 분산매(dispersing medium)와 분산질(dispersed solute)로 구분하는데 분산질을 분산상(dispered phase)이라고도 한다. 콜로이드 입자는 중력에 의한 영향이 크지 않아 분산용액 중에서 불규칙적인 운동을 계속하는데 이를 브라운운동(Brownian motion)이라 하고 콜로이드 입자에 의한 빛의 산란을 틴달효과(tyndall effect)라고 한다. 어두운 실내에서 빛 줄기를 볼 수 있는 것이 좋은 예이다.

7.6.1 분산용액

분산용액의 종류는 분산매와 분산상의 상(phase)에 따라 구분한다.

표 7.4 분산용액의 종류

분산매	분산상	콜로이드 형태	예
고체	고체	고체 졸(sol)	루비, 진주, 오팔(opal)
고체	액체	고체 에멀젼	버터, 치즈
고체	기체	고체 거품	부석(pumice)
액체	고체	졸	페인트
액체	액체	에멀젼	우유
액체	기체	거품	생크림, 면도용 크림
기체	고체	고체 에어로졸 (=에어로겔)	연기
기체	액체	액체 에어로졸	안개, 구름
기체	기체	없다	모두 용액

여기서 졸(sol)과 겔(gel)은 각각 분산된 액체 분산상과 고체 분산상을 의미하며 에멀젼(emulsion)은 액체 분산상이 들어

있는 액체 분산용액을 가리킨다. 에어로졸(aerosol)과 에어로겔(aerogel)은 각각 졸(sol)과 겔(gel)이 분산되어 있는 기체 분산용액을 나타낸다. 최근에는 졸과 겔을 넓은 의미의 졸로 표현하여 졸이 액체 분산상과 고체 분산상을 모두 포함하는 의미로 사용되기도 한다.

7.6.2 연기 농도와 가시거리

연기는 일상생활과 화재 현장에서 자주 만날 수 있는 대표적인 기체 콜로이드 용액이다. 연기의 농도는 감광계수(photo-sensitization coefficient, Cs)와 가시거리(visibility range, L_v)가 대표적인 두 가지 척도이며 다음과 같이 표현된다.

표.7.5 감광계수와 가시거리

Cs(m^{-1})	L_v(m)	연기농도
0.1	25	연기 감지기 작동
0.3	5	건물내 피난 가능
0.5	3	건물내 많이 어두움
1	1.5	건물내 물체 확인 불가
10	0.35	화재 최성기의 밀연

연 습 문 제

1 어떤 청량음료 100mL속에 0.44g의 이산화탄소가 녹아있다면 CO_2의 몰농도는?

2 인산(H_3PO_4)은 수용액중에서 다음과 같이 해리한다. 49g의 인산이 녹아 있는 수용액의 부피가 2L이라면 인산의 노르말 농도는 얼마인가? (단 인산의 몰질량은 98g)

$$H_3PO_4 \rightleftarrows 3H^+ + PO_4^{3-}$$

3 대기 중 아황산가스의 농도가 3.5ppm이라면 공기 10L속의 SO_2 무게는 몇 mg인가?

4 10M 수산화나트륨(NaOH)수용액 10cc를 묽혀 0.1M 수용액을 제조하고자 한다. 제조된 0.1M 수용액은 몇L인가?

5 비전해질이 녹아 있는 벤젠 용액의 농도가 0.1m이었다. 이 용액의 어는점은? (표 7.1 참조)

6 0.1m K_2SO_4 수용액의 끓는점은 몇 °C인가? (표7.2참조)

7 $[Pb^{2+}]=0.2M$, $[Br^-]=0.1M$인 용액에서 $PbBr_2$의 침전 여부는?(표7.3참조)

8 AgCl, $CaCl_2$, $PbPI_2$, Hg_2Cl_2 중 물에 가장 잘 녹는 물질은?

9 CaF_2, $CaCO_3$, $Ca(OH)_2$, $CaSO_4$ 중 물에 가장 잘 녹는 물질은?

10 난용성염의 용해도를 증가시키는 대표적인 두 가지 방법은?

제8장 화학평형과 반응속도

화학반응은 시간의 경과에 따라 반응속도와 생성물의 양이 변한다. 그러나 충분한 시간이 흐른 뒤에는 화학반응의 속도, 반응물의 시간당 감소량, 생성물의 시간당 생성량, 반응물의 양, 생성물의 양 등이 모두 변하지 않고 일정한 값을 유지할 때 이를 평형상태라고 한다.

8.1 화학평형

화학평형(chemical equilibrium)은 화학반응이 평형상태에 도달된 것을 가리킨다. 반응물이 생성물로 바뀌는 것을 정반응(forward reaction), 생성물이 반응물로 되바뀌는 것을 역반응(reverse reaction)이라 할 때 화학평형은 다음의 세 가지 표현으로 정의 된다.

1. 정반응의 속도($rate_f$)와 역반응의 속도($rate_r$)가 같은 상태($rate_f = rate_r$)

2. 단위 시간당 반응물과 생성물의 농도 변화가 없는 상태 $(\frac{dC}{dt}=0)$

3. 동적인 평형(dynamic equilibrium)상태

동적인 평형은 정반응과 역반응이 모두 정지된 것이 아니라 정반응과 역반응이 지속적으로 진행되고 있음에도 불구하고 시간의 경과에 따른 물질량의 변화가 없음을 의미한다. 이 밖에도 열역학 함수인 자유에너지(free energy)의 변화항이 0인 상태 ($\Delta G=0$)로 표현하기도 하나 여기서는 언급치 않고 11.2절에서 소개된다.

$$A(\text{반응물}) \rightleftarrows B(\text{생성물}) \qquad (\text{식 } 8.1)$$

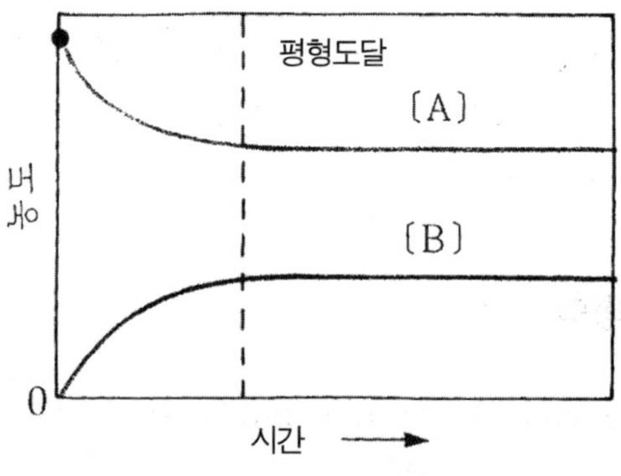

그림 8.1 화학적 평형상태

화학평형은 그림 8.1에서 수직 점선 오른쪽을 가리키며 반응물 A와 생성물 B의 농도가 시간의 흐름과 무관하게 일정한 값을 유지하는 상태(수평선)를 나타낸다.

8.1.1 평형상수

평형상태의 반응계에서 반응물과 생성물의 농도를 비교하여 반응 용이성(reaction facility)을 나타낸 것이 평형상수(equilibrium constant, K)이다. 평형상수는 농도로 표현되는 용액반응의 평형상수 K_c와 분압으로 표현되는 K_p의 두 가지 형태가 있으며 각각의 구성과 관계는 다음과 같다.

$$aA + bB \leftrightarrows cC + dD \qquad (식\ 8.2)$$

$$K_c = \frac{[C]^c\,[D]^d}{[A]^a\,[B]^b} \qquad (식\ 8.3)$$

$$K_p = \frac{P_C^c \cdot P_D^d}{P_A^a \cdot P_B^b} \qquad (식\ 8.4)$$

$$K_p = K_c \cdot (R \cdot T)^{\Delta n_g} \qquad (식\ 8.5)$$

$$\Delta n_g = \Sigma 생성물기체\ 몰수 - \Sigma 반응물기체\ 몰수 \qquad (식\ 8.6)$$

식 8.5에서 R은 기체상수이며 K_p는 이상기체 뿐만 아니라 실제기체에도 잘 적용된다. K_c와 K_p가 크면 반응진척도가 커서 반응의 전반적 경향이 반응물 상태보다 생성물의 상태에 가깝게 위치하고 정반응의 속도가 역반응에 비해 상대적으로 크다는 것을 의미한다.

8.1.2 불균일평형

불균일평형(heterogeneous equilibrium)은 두 개 이상의 상(phase)으로 구성된 물질들이 평형상태에 있는 것을 말한다. 예를 들어 분말소화약제의 대표적 성분인 탄산수소나트륨(중탄산나트륨, $NaHCO_3$)의 분해반응이 평형상태에 있으면 고체와 기체의 두 상이 존재하므로 불균일평형이다.

$$2NaHCO_3(s) \leftrightarrows Na_2CO_3(s) + CO_2(g) + H_2O(g)$$

(식 8.7)

$$K_C = \frac{[Na_2CO_3(s)][CO_2(g)][H_2O(g)]}{[NaHCO_3(s)]^2} = [CO_2(g)][H_2O(g)]$$

(식 8.8)

여기서 고체의 농도는 활동도(activity) 1이라고 정의하여 평형상수식에는 포함하지 않으며 결과적으로 기체의 농도이므로 K_p로 표현하기를 원할 경우 식 8.5를 이용하여 나타낼 수 있고 이 경우 Δn_g 는 2가 된다.

예제 8-1 식 8.7에서 $CO_2(g)$와 $H_2O(g)$의 분압이 25℃에서 각각 40 torr 와 20 torr일 때 K_c는 얼마인가?

풀이 압력단위를 atm으로 바꾸면(1atm=760 torr 관계에서)

$P(CO_2) = 0.05$ atm, $P(H_2O) = 0.026$ atm

식 8.5를 K_c에 대해 정리하고 압력을 대입.($\Delta n_g=2$)

$$K_c = \frac{K_P}{(R \cdot T)^{\Delta n_g}} = \frac{(0.053atm)(0.026atm)}{[(0.082atm \cdot L/_{mol \cdot k}) \cdot (298K)]^2}$$

$= 2.3 \times 10^{-6}\ L^2/mol^2$

정답 $2.3 \times 10^{-6}\ L^2/mol^2$

8.2 르 샤뜰리에의 원리

르 샤뜰리에의 원리(Le Chatelier's principle)는 평형상태에 관한 과학적 원리로서 다음과 같이 정의한다.

"평형상태에 있는 계(system)에 외부로부터 자극이 주어지면 평형상태는 깨어지고 자극을 감소시키는 방향으로 화학반응은 진행된다"

여기서 자극(stimulus)의 종류는 농도, 온도, 부피(또는 압력)의 변화가 대표적이다. 예로서 질소기체(N_2) 1mol과 수소기체(H_2) 3mol로부터 2mol의 암모니아 기체(NH_3)를 합성하는 발열반응(exothermic reaction)인 하버법(Haber process)에 대해 Le Chatelier의 원리를 적용해 보자.

$$N_2(g) + 3H_2(g) \leftrightarrows 2NH_3(g) + 열 \qquad (식\ 8.9)$$

8.2.1 농도 자극

식 8.9와 같이 반응이 평형상태에 있을 때 반응물 기체인 질소기체 또는 수소기체를 일부 첨가하여 반응물 농도의 증가라는 자극을 주게 되면 평형상태는 깨어지고 자극을 감소시키는 방향(반응물이 줄어드는 방향)인 정반응의 속도가 다시 증가한다. 따라서 정반응의 속도가 역반응에 비해 커져 화학 평형은 깨지고 정반응이 반응을 지배하는 상태가 되어 2차적인 평형상태가 될 때까지 이런 과정이 지속된다.

8.2.2 온도 자극

식 8.9의 과정은 정반응이 진행됨에 따라 생성물이 생성되고 열(heat)도 발생하는 발열반응이다. 평형상태에 있는 이 반응에 외부로부터 열이 주어지면 온도 상승이라는 자극을 받게 된다. 이 경우 평형상태는 깨어지고 Le Chatelier 원리에 의해 온도상승이라는 자극을 감소시키는 방향으로 다시 반응이 진행되는데 온도를 낮추는 방향은 열의 발생이 없는 역반응이다. 즉 외부로부터의 열유입은 평형상태를 깨뜨리고 역반응의 속도를 증가시키게 된다.

8.2.3 부피 또는 압력의 자극

식 8.9에서 반응물의 총 몰수는 4 mol 이며 생성물은 2 mol 이다. 아보가드로의 법칙에 의해 기체의 부피는 기체의 종류와 무관하고 몰수에 비례하므로 반응물의 상태가 더 큰 부피를 필요로 한다. 따라서 평형상태에 있는 이 반응에 부피감소(압력증가)라는 외부로부터의 자극이 주어지면 Le Chatelier의 원리에 의해 평형상태는 깨어지고 외부자극을 감소시키는 방향으로 화학반응은 다시 진행되어 2차적인 평형에 도달할 때까지 정반응이 반응을 지배하게 된다.

8.3 반응속도

화학반응의 속도는 두 가지 형태로 규정 할 수 있다. 그 첫째는 반응물의 농도변화이며 단위시간당 반응물 농도의 감소로 표현한다. 둘째는 생성물의 농도변화인데 시간당 생성물 농도의 증가로 표현한다. 식 8.1의 경우 반응속도는 다음의 식 8.10과 같이 표현된다.

$$\text{반응속도(reaction rate)} = -\frac{d[A]}{dt} = \frac{d[B]}{dt} \qquad \text{(식 8.10)}$$

이와 같이 화학반응의 속도는 농도에 의존하므로 화학반응의 속도를 표현하는 속도식도 농도함수로 나타낼 수 있다.

8.3.1 반응속도식

화학반응의 속도는 반응물 농도(reactant concentration)에 의존하여 농도의 지수항에 비례하므로 반응속도식(reaction rate equation)은 아래와 같이 표현한다.

$$속도(rate) = k\ [반응물]^n \qquad (식\ 8.11)$$

여기서 비례상수 k는 속도상수(rate constant)이며 n은 농도항의 지수로서 반응차수(reaction order)라고 한다.

8.3.2 반응차수

화학반응의 속도가 반응물 농도의 몇 제곱에 비례하는가를 나타내는 것이 반응차수이며 반응물 농도의 지수를 모두 더한 값이다. 반응차수가 1, 2, 3 이면 반응의 차수도 각각 1차, 2차, 3차 라고 말한다. 예로서 반응의 속도가 반응물 A의 농도에는 m제곱에 비례하고 반응물 B의 농도에는 n제곱에 비례한다면 이 반응의 반응차수는 (m+n)이며 반응도 (m+n)차 이다.

$$반응속도 = k\ [A]^m\ [B]^m \ :\ (m+n)차\ 반응 \qquad (식\ 8.12)$$

반응의 형태를 반응차수로 구분하면 다음과 같이 정리 할 수 있다.

- 1차 반응(first order reaction)
  반응형태 : A → B
  반응속도식 : 반응속도(rate) = $k_1 \cdot [A]$ (식 8.13)

■ 2차 반응(second order reaction)

반응형태 : A → B

반응속도식 : 반응속도(rate) = $k_2 \cdot [A]^2$ (식 8.14)

반응형태 : A+B → C

반응속도식 : 반응속도(rate) = $k_2 \cdot [A][B]$ (식 8.15)

■ 3차 반응(third order reaction)

반응형태 : A → B

반응속도식 : 반응속도(rate) = $k_3 \cdot [A]^3$ (식 8.16)

반응형태 : A+B → C

반응속도식 : 반응속도(rate) = $k_3 \cdot [A]^2[B]$ (식 8.17)

반응형태 : A+B+C → D

반응속도식 : 반응속도(rate) = $k_3 \cdot [A][B][C]$

(식 8.18)

8.3.3 반감기

반감기(half life, $t_{\frac{1}{2}}$)는 반응이 개시된 후 반응물의 농도가 처음에 비해 $\frac{1}{2}$이 될 때까지 걸린 시간을 의미하며 반응속도가 클수록 그 크기는 작다. 반감기를 결정하는 수식을 속도상수(k)에 대해 정리하면 1차 및 2차의 경우는 다음과 같다.

1차 반응 : $t_{\frac{1}{2}} = \frac{\ln 2}{k_1}$ (식 8.19)

2차 반응 : $t_{\frac{1}{2}} = \frac{1}{k_2 \cdot [A]_o}$ (식 8.20)

여기서 $[A]_o$는 반응물 A의 초기농도이며 2차 반응의 형태는

$[A]^2$에 비례하는 경우이다.

식 8.19 및 식 8.20은 식 8.13과 식 8.14의 변형된 형태인 다음의 식들로부터 얻어진 결과들이다.

$$1\text{차 반응} : \ln \frac{[A]_O}{[A]_t} = k_1 \cdot t \qquad (\text{식 } 8.21)$$

$$2\text{차 반응} : \frac{1}{[A]_t} - \frac{1}{[A]_O} = k_2 \cdot t \qquad (\text{식 } 8.22)$$

여기서 $[A]_t$는 반응개시로부터 t초 지난 후의 반응물 A의 농도를 의미한다.

예제 8-2 어떤 1차 반응에서 1M의 초기 농도를 가진 반응물이 반응 개시후 100초 일때의 농도가 0.01M이다. 이 반응의 반감기는 몇 초인가?

풀이 먼저 식 8.21을 이용하여 속도상수(k)를 계산하고

$$\ln \frac{1M}{0.01M} = k_1 \cdot (100\text{sec}) \rightarrow k_2 = 0.046\ \text{sec}^{-1}$$

식 8.19에서 $t_{\frac{1}{2}}$을 구한다.

$$t_{\frac{1}{2}} = \frac{\ln 2}{0.046 sec^{-1}} \div 15\ \text{sec}$$

정답 15 초

8.4 반응속도 영향인자

화학반응의 진행은 반응물 분자들간의 유효충돌(effective collision)에 의해 이루어지므로 반응속도를 결정하는 인자들도 이와 관련이 있다. 반응속도식에서 이미 본 바와 같이 화학반응의 속도는 반응물 농도와 속도상수에 의해 결정된다. 따라서 농

도는 대표적인 반응속도 영향인자이며 반응물 농도의 증가는 유효충돌의 가능성을 높여 반응을 더욱 빠르게 진행 시킨다.

속도상수가 어떻게 화학반응의 속도와 비례하는 가에 대한 중요한 이론이 Arrhenius식이다.

Arrhenius equation : $k = A \cdot e^{-Ea/R \cdot T}$ (식 8.23)

여기서 A는 빈도인자(frequency factor) 또는 잦음율 이라고 하며 단위시간당 반응물 분자들의 충돌 횟수를 의미하는 항이다. 그리고 E_a는 활성화에너지(activation energy)로서 반응물이 생성물로 변하기 위해서 넘어야 할 에너지장벽(energy barrier)을 의미한다. R은 기체상수이고 T는 반응온도를 가리킨다. Arrhenius 식은 고전속도이론이라고 하며 속도상수를 통한 반응속도 영향인자의 종류와 역할을 제시해 준다. 속도상수 k 가 크기 위해서는 먼저 A가 커야 하는데 충돌횟수를 증가시키기 위해서는 이미 언급한 반응물 농도 증가와 기계적인 교반이 그 방법이 될 수 있다. 물론 온도를 올려 주면 반응물 분자들의 운동에너지가 증가하여 마찬가지로 A를 증가시킬 수 있다. 그리고 Arrhenius 식에서 k를 크게 하는 또 다른 방법은 E_a / $R \cdot T$ 항을 작게 해주는 것이다. 즉 E_a는 작게 하고 T를 크게 하면 된다. 활성화에너지(E_a)를 작게 하는 유일한 방법은 촉매(catalyst)의 첨가이며 온도를 높게 유지하는 가장 보편적인 방법은 가열이다.

결론적으로 Arrhenius 식을 통해 얻어진 반응속도 영향인자는 반응물 농도, 반응온도, 촉매의 대표적인 세 요소이며 그 밖에 물리적인 교반 등이 있다.

8.5 반응기구

화학반응에서의 반응기구(reaction mechanism)는 반응이 진행되는 구체화된 과정을 가리키며 세분화된 각 단계와 단계별 화학종의 제시를 의미한다. 반응기구는 흔히 반응메카니즘이라고 하며 반응경로(reaction pathway)에서의 각 단계별 속도까지 표현하면 반응속도론(reaction kinetics)이 된다. 반응메카니즘상에서 내재된 각 단계를 단일단계(elementary step)라고 하는데 단일단계의 연속적 과정이 반응메카니즘이다.

8.5.1 반응경로와 속도결정단계

반응경로는 반응기구상에서 제시된 단일단계의 진행방법을 의미하며 크게 나누어 연속반응(consecutive reaction)과 평행반응(parallel reaction)의 두 가지 형태가 있다. 연속반응은 반응경로가 한 개 뿐이어서 반응메카니즘상의 모든 단일단계들이 순서적으로 연결되어 있다. 그러나 평행반응은 반응경로가 두 개 이상이어서 반응물이 생성물로 바뀌는 독립적 과정이 두 개 이상 존재한다.

반응 메카니즘에서 여러 개의 단일단계들 중 전체 반응의 진행소요 시간을 결정하는데 가장 큰 원인이 되는 단계를 속도결정단계(rate determining step, rds)라고 한다. 연속반응은 모든 단일단계를 순서적으로 모두 거쳐야 하므로 속도결정단계는 가장 느린 단일단계가 된다. 이와는 달리 평행반응은 동시에 두 개 이상의 경로를 통해 반응이 진행되므로 속도결정단계는 가장 빠른 단일단계가 된다.

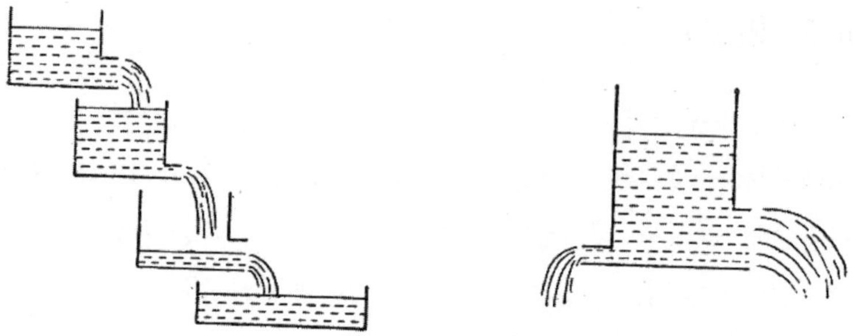

그림 8.2 연속반응과 평행반응의 반응진행

8.5.2 활성화에너지와 전이 상태

화학반응은 진행과정을 통해 퍼텐셜에너지가 최고 상태가 되는 에너지고개를 지나게 되는데 이 때의 에너지를 활성화에너지(activation energy, E_a)라고 한다. 정반응의 활성화에너지는 에너지고개의 퍼텐셜에너지와 반응물의 퍼텐셜에너지의 차이이며 역반응의 활성화 에너지는 에너지고개의 퍼텐셜에너지와 생성물의 퍼텐셜에너지의 차이이다.

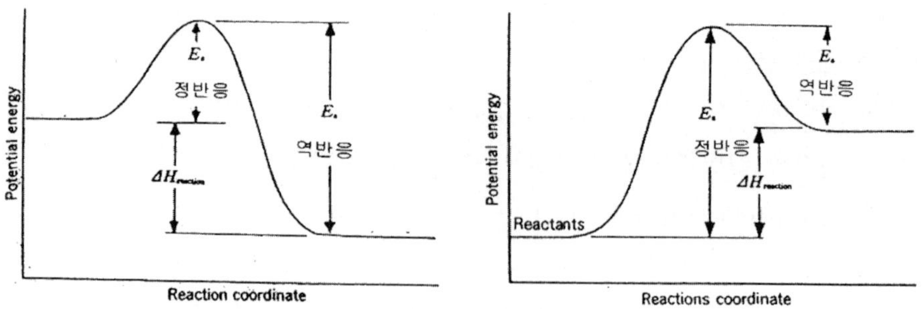

그림 8.3 반응경로와 활성화에너지

활성화에너지는 화학반응의 진행과정에서 에너지장벽(energy barrier)으로 작용하며 그 크기가 클수록 화학반응은 느리게 진행된다. 반응촉매의 역할은 이 활성화에너지의 크기를 작게 하여 반응속도를 증가시키는 것이다. 활성화에너지의 높은 에너지 준위(energy level)는 반응경로상에서 구조적으로 가장 불안정한(unstable) 형태의 물질이 가지는 높은 에너지 때문이며 반응물분자들이 유효충돌을 일으키는데 필요한 최소의 운동에너지의 크기와 같다. 활성화에너지를 나타내는 반응경로상의 단일단계 화학종을 활성화복합체(activated complex)라고 하며 반응물에서 생성물로 변하는 중간형태이므로 활성화 복합체를 반응중간생성물(reaction intermediate)이라고도 한다. 반응중간생성물이 생성되는 단계는 반응경로상에서 여러 개가 존재할 수 있으며 이 단계들을 전이상태(transition state)라고 한다. 반응중간생성물들은 에너지가 상대적으로 높고 불안정하며 생존시간(life time)이 지극히 짧아 일반적인 분석기기를 통한 검출이 거의 불가능하다. 따라서 온도변화와 전자기적 자극들을 통해 반응중간생성물의 생존시간을 조금 더 연장해보는 이완법(relaxation method)이 이용되고 있으나 아직도 대부분의 반응중간생성물들의 구조는 간접적인 방법이나 연구자의 유추적 제안에 의한 것이다. 반응경로상의 전이상태는 대괄호와 ‡ (double dega)로 표시하며 반응기구에서 구체적으로 표현된다. 예로서 반응물 2AB가 A_2와 B_2로 분해하는 반응의 반응기구와 전이상태는 다음의 그림 8.4와 같이 표현할 수 있다.

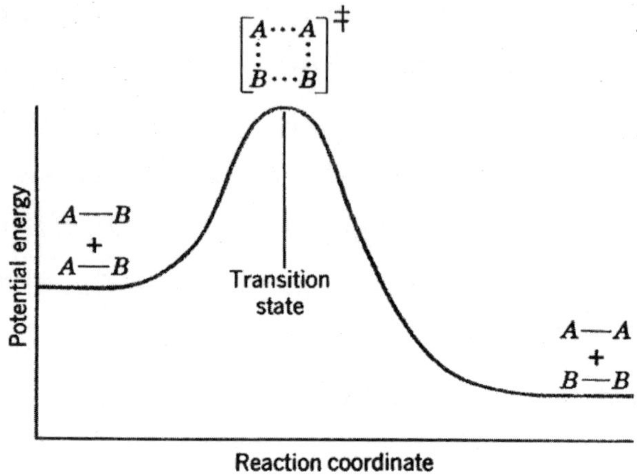

그림 8.4 전이상태와 활성화복합체

그러므로 전이상태에서의 활성화복합체는 반응물과 생성물의 중간적 형태의 불안정한 구조를 가지며 전이상태의 높은 에너지 준위로 인해 생성물로 바뀌든지 아니면 반응물로 되돌아 가든지 두 가지 가능성을 가진 순간적인 화학종이다.

참고로 속도상수를 규정하는 Arrhenius식은 반응 전체를 대상으로 하지만 실제 반응속도를 결정하는 전이상태에서의 항들로써 속도상수를 표현하는 방법이 있다. 절대속도이론(absolute rate theory)이라고 알려진 Eyring 식은 다음과 같이 표현되며 전이상태에서의 여러 항으로 구성되어 있다.

$$\text{Eyring 식 : } k = \frac{R \cdot T}{N \cdot h} \left(e^{\Delta S^{\neq}/R}\right)\left(e^{-\Delta H^{\neq}/RT}\right)$$

(식 8.24)

여기서 h는 plank상수(6.626×10^{-34} J · sec)이며 R은 기체상수이다.

연 습 문 제

1 SO_2기체와 O_2기체가 반응하여 SO_3를 생성하는 반응의 SO_2, O_2, SO_3의 분압이 각각 2atm, 10atm, 2atm 이라면 K_p는 얼마인가?

2 Haber 법에서 Δn_g 는 얼마인가?

3 NO_2는 갈색이고 N_2O_4는 무색이다. 아래 반응이 평형상태일때 열을 가하면 색은 진해지는가? 연해지는가?

$$2NO_2(g) \rightleftarrows N_2O_4(g) + 58.8\ kJ$$

4 반응초기와 3분후의 반응물 농도가 각각 0.1M과 0.001M인 1차반응의 반감기는 몇 초(sec) 인가?

5 아레니우스 식에서 A는 무엇인가?

6 에너지 장벽인 활성화에너지를 낮추는 방법은 무엇인가?

7 연속반응과 평행반응 중 rds가 가장 빠른 단계는 어느 것인가?

8 정반응과 역반응의 두 활성화 에너지의 차이는 무엇인가?

9 반응중간 생성물을 기기적으로 확인하기 어려운 이유는?

10 속도상수에 관한 이론 중 전이상태를 대상으로 한 것은?

제9장 산과 염기

산(acid)은 산성물질(acidic material)이나 산성물질로부터 발생한 특별한 화학종을 가리키며 염기(base)역시 염기성 물질(basic material)과 염기성을 나타내는 특별한 화학종을 의미한다. 산은 리트머스 시험지를 붉게 변색시키고 신 맛이 나며 금속을 부식시킨다고 말하고 알칼리(alkari)라고 하는 염기는 리트머스 시험지를 푸르게 변색시키며 비누같이 미끄럽고 산과 반응하여 염과 물을 생성한다고 표현하는 것은 성질을 나타낸 것이지 정의를 표현한 것이 아니다.

9.1 산과 염기의 정의

산이 무엇이며 염기가 무엇이냐에 관한 개념적 정의는 아레니우스(Arrhenius), 브뢴스테드와 로우리(Brönsted & Lowry), 루이스(Lewis)의 세 가지 표현이 있으며 표9.1과 같이 정리된다.

표 9.1 산-염기의 정의

	분류	정의
Arrhenius	산	수소이온(H^+)제공자, H^+donor
	염기	수산화이온(OH^-)제공자, OH^-donor
Brönsted	산	수소이온 제공자, H^+donor
& Lowry	염기	수소이온 받는자, H^+acceptor
Lewis	산	전자쌍 받는자 electron pair acceptor
	염기	전자쌍 제공자 electron pair donor

9.1.1 아레니우스 산과 염기

Arrhenius 개념으로 산(acid)은 '수용액중에서 히드로늄이온(H_3O^+)의 농도를 증가시키는 물질'로 정의하며 히드로늄 이온(hydronium ion)은 수소이온이 물분자와 결합한 것이다. 물론 염기의 정의도 '수용액 중에서 수산화이온의 농도를 증가시키는 것'으로 표현한다.

$$\text{산}\quad HCl + H_2O \rightleftarrows H_3O^+ + Cl^- \quad (\text{식 } 9.1)$$

$$\text{염기}\quad NaOH + H_2O \rightleftarrows Na^+ + OH^- + H_2O \quad (\text{식 } 9.2)$$

Arrhenius산이 '수소이온 제공자 (H^+ donor)'라고 표현하는 것은 '양성자 제공자(proton donor)'와 같은 의미이다. 염산, 황산, 질산 등 여러 종류의 산들은 물 속에서 해리될 때에 분자 1개당 제공하는 수소이온 즉 양성자의 갯수가 다르다. 해리되는 양성자의 갯수에 따라 산을 구분하면 다음과 같다

일양성자산(monoprotic acid) : $HCl \rightleftarrows H^+ + Cl^-$

이양성자산(diprotic acid) : $H_2SO_4 \rightleftarrows 2H^+ + SO_4^{2-}$

삼양성자산(triprotic acid) : $H_3PO_4 \rightleftarrows 3H^+ + PO_4^{3-}$

9.1.2 브뢴스테드 산과 염기

Brönsted & Lowry 개념은 간단히 브뢴스테드(Brönsted) 정의라고 하며 산과 염기를 각각 B산 및 B염기로 표현한다. B산과 B염기는 수소이온을 주고받는 관계이어서 반드시 한 쌍의 물질을 산과 염기로 규정한다.

$$\underset{\text{B산}}{HCl} + \underset{\text{B염기}}{H_2O} \rightleftarrows \underset{\text{B산}}{H_3O^+} + \underset{\text{B염기}}{Cl^-} \quad (식\ 9.3)$$

식 9.3에서 HCl과 Cl^-가 짝을 이루고(conjugated) H_2O와 H_3O^+ 가 짝이 된다. 짝이 된 두 물질은 반드시 한쪽이 산이면 다른 쪽은 염기이므로 짝산(conjugated acid)과 짝염기(conjugated base)가 결정된다.

예제 9-1 다음 반응에서 짝산과 짝염기를 밝히시오.

$NH_3(aq) + H_2O(\ell) \rightleftarrows NH_4^+(aq) + OH^-(aq)$

풀이 NH_3는 양성자를 받아서 NH_4^+(ammonium ion)가 되고 H_2O는 양성자를 내어놓고 OH^-가 되므로

정답 NH_3(짝염기) - NH_4^+(짝산), H_2O(짝산) - OH^-(짝염기)

9.1.3 루이스 산과 염기

Lewis 개념은 가장 광범위한 산-염기 정의이며 고체산(solid acid)과 초강산(super acid)의 범위를 포함하여 규정한다. 고체산은 강한 산성을 나타내는 고체를 말하며 분자내 수소원자가 없어도 가능하고 고체 촉매들의 가장 큰 부류가 여기에 속한다. 초강산은 황산의 산성보다 더 강한 산성을 가진 물질을 가리키며 대부분 Lewis산(L산)개념의 물질들이다. 배위화합물을 형성하는 금속과 리간드도 전자쌍을 주고받으므로 L산과 L염기로 구분할 수 있으며 금속은 L산이고 전자쌍 제공자인 리간드는 항상 L염기이다.

$$M(\text{금속}) + n\ :L(\text{리간드}) \rightarrow ML_n \qquad (\text{식 } 9.4)$$
L산 L염기

$$BF_3 + :NH_3 \rightarrow F_3B - NH_3 \qquad (\text{식 } 9.5)$$
L산 L염기

9.2 물의 자체이온화

물은 아주 일부분의 분자들이 자체이온화(autoionization)되어 히드로늄이온(H_3O^+)과 수산화이온(OH^-)으로 해리한다.

$$H_2O(\ell) + H_2O(\ell) \rightleftarrows H_3O^+(aq) + OH^-(aq) \qquad (\text{식 } 9.6)$$

$$K_c = \frac{[H_3O^+][OH^-]}{[H_2O]^2} \qquad (\text{식 } 9.7)$$

여기서 $K_c \cdot [H_2O]^2$ 항을 한 개의 상수항으로 바꾸어 K_w로 나타내면 식 9.7은 K_w에 대해 다시 정리된다.

$$K_w = [H_3O^+][OH^-] = [H^+][OH^-] \qquad (식\ 9.8)$$

K_w는 물의 이온곱상수(ion product constant), 이온화상수(ionization constant) 또는 해리상수(dissociation constant)라고 말하며 25℃에서는 그 값이 1×10^{-14}이다.

$$K_w = [H^+][OH^-] = 1 \times 10^{-14} \ (25℃) \qquad (식\ 9.9)$$

물의 이온곱상수(K_w)는 온도에 따라 약간씩 달라져 사람의 체온인 37°C에서는 2.4×10^{-14}이 된다. 그러나 일정한 온도에서는 물의 산성도와 무관하게 항상 일정한 값을 유지하는 상수임을 기억해야 한다. 중성인 순수한 물에서는 수소이온과 수산화이온의 농도가 같으므로 각각의 농도는 1×10^{-7} M이 된다.

$$중성 : [H^+] = [OH^-] = 1 \times 10^{-7}M \ (25℃) \qquad (식\ 9.10)$$

그러나 물이 산성과 염기성을 나타내면 $[H^+]$와 $[OH^-]$는 같지 않다.

$$산성 : [H^+] > [OH^-] \qquad (식\ 9.11)$$

$$염기성 : [H^+] < [OH^-] \qquad (식\ 9.12)$$

9.3 pH척도

덴마크의 화학자 S.Sorensen에 의해 제안된 pH는 수용액의 산성도를 나타내는 척도이며 지수형태의 $[H^+]$를 log로 편리하게 표현하였다.

$$pH = -\log[H^+] \qquad (식\ 9.13)$$

25℃의 물이 중성일 경우 $[H^+]$가 1×10^{-7}M이므로 pH는 7이 된다.

$$\text{중성} : pH = -\log[H^+] = -\log(1 \times 10^{-7}) = 7 \ (25℃)$$

예제 9-2 인체내 위산의 수소이온농도는 1×10^{-2}M 정도이다. pH는?

풀이 $pH = -\log[H^+]$

$= -\log(1 \times 10^{-2})$

$= 2$

정답 2

예제 9-3 우리나라 산성비의 기준은 pH < 5.6이다.
이 기준치는 중성에 비해 수소이온 농도가 몇 배 이상인가?

풀이 $pH = 5.6 \rightarrow [H^+] = 10^{-5.6}$

$pH = 7 \rightarrow [H^+] = 10^{-7}$

따라서 $\dfrac{10^{-5.6}}{10^{-7}} = 10^{1.4} \doteqdot 25.12$

정답 25배

pH와 동일한 형태의 표현으로 pOH가 있다.

$$pOH = -\log[OH^-] \qquad \text{(식 9.14)}$$

25℃의 중성인 물은 pOH가 7이 된다. (식 9.10참조)

$$\text{중성} : pOH = -\log[OH^-] = -\log(1 \times 10^{-7}) = 7 \ (25℃)$$

따라서 25℃에서는 K_w가 10^{-14} 이므로 다음과 관계가 항상 유지된다.

$$pH + pOH = 14 \ (25℃) \qquad (식\ 9.15)$$

예제 9-4 어떤 청량음료속의 수소이온농도가 25℃에서 2×10^{-4}M이다. 이 음료의 pOH는 얼마인가?

풀이 먼저 pH를 구한뒤 pOH를 계산한다.

$pH = -\log(2 \times 10^{-4}) = 4 - \log2 = 3.7$

$pOH = 14 - 3.7 = 10.3 \ (25℃)$

정답 10.3

산-염기 용액에 대한 pH측정은 pH미터기를 사용하여 소수점아래 2자리 이하로 정확히 측정할 수 있고 pH페이퍼와 산-염기 지시약(pH indicator)를 이용하여 근사적인 값을 얻을 수 있다.

표 9.2 산-염기 지시약의 변색 범위

종 류	변색범위(pH)	색(산성 방향)	색(염기성 방향)
alizarin yellow	10.1~11.1	황색	적자색
phenolphthalein	8.3~10.0	무색	적색
thymol blue(base)	8.0~9.6	황색	적색
cresol red	7.0~8.8	황색	적색
bromothymol blue	6.0~7.6	연두	청색
methyl red	4.8~6.0	적색	황색
congo red	3.0~5.0	청색	적색
methyl orange	3.2~4.4	적색	황적색
thymol blue(acid)색	1.2~2.8	분홍색	황색
malachite green	0.2~1.8	연황색	녹색

9.4 센 산과 센 염기

센 산(strong acid)과 센 염기(strong base)는 수용액 중에서 100% 해리하는 산과 염기를 가리킨다. 황산을 제외한 대부분의 센 산은 일양성자산이며 100개의 산성분자가 물속에서 해리하면 100개의 히드로늄 이온(H_3O^+)을 생성하는 경우이다. 센 산과 센 염기는 강산 또는 강염기라고도 하며 수용액 중에서의 반응식은 일반적으로 평형상태로 표시하지 않고 정반응방향 한 쪽으로만 나타낸다. HCl, HBr, HNO_3, H_2SO_4, $HClO_3$ 등은 대표적인 센 산이고 NaOH 와 KOH는 센 염기의 대표적인 물질이다.

$$HNO_3(aq) + H_2O(\ell) \rightarrow H_3O^+(aq) + NO_3^-(aq)$$

(식 9.16)

$$NaOH(aq) + H_2O(\ell) \rightarrow Na^+(aq) + OH^-(aq) + H_2O(\ell)$$

(식 9.17)

예제 9-5 0.001M HCl 수용액의 pOH는 얼마인가? (25℃)

풀이 HCl은 센 산이므로 100% 해리한다.

$HCl(aq) \rightarrow H^+(aq) + Cl^-(aq)$

따라서 $[H^+] = [Cl^-] = 0.001M$

$pH = -\log[H^+] = -\log(0.001) = 3$

$pOH = 14 - pH = 11$

정답 11

9.5 K_a와 K_b

산과 염기가 모두 센 산과 센 염기는 아니므로 약한 산(weak acid)과 약한 염기(weak base)의 해리도를 표현하는 상수가 필요하다. 산해리상수(acid dissociation constant) K_a와 염기해리상수(base dissociation constant) K_b는 약한 산과 약한 염기의 이온화 평형상수이다. 따라서 K_a와 K_b가 크면 약한 산과 약한 염기 중에서 상대적으로 산성과 염기성이 강함을 나타낸다. K_a와 K_b의 구성은 다음 일반식들을 통해 표현된다.

$$HA + H_2O \rightleftarrows H_3O^+ + A^- \quad \text{(식 9.18)}$$

$$K_a = \frac{[H_3O^+][A^-]}{[HA]} \quad \text{(식 9.19)}$$

$$B + H_2O \rightleftarrows BH^+ + OH^- \quad \text{(식 9.20)}$$

$$K_b = \frac{[BH^+][OH^-]}{[B]} \quad \text{(식 9.21)}$$

식 9.18의 HA는 수소이온을 포함하고 있는 산성물질의 일반식이며 식 9.20의 B는 염기성 분자를 상징한다. 또한 수용액의 경우 K_a와 K_b는 K_w와 밀접한 관계가 있다.

$$K_w = K_a \times K_b \quad \text{(식 9.22)}$$

표 9.3 몇 가지 약한 산과 약한 염기의 이온화상수(25℃)

산	K_a	염기	K_b
CH_3COOH(아세트 산)	1.7×10^{-5}	NH_3(암모니아)	1.8×10^{-5}
$C_7H_6O_2$(벤조산)	6.3×10^{-5}	C_6H_7N(아닐린)	4.8×10^{-10}
H_2CO_3(탄산)	$K_1=4.2\times10^{-7}$	$(CH_3)_2NH$(디메틸아민)	7.8×10^{-4}
	$K_2=4.8\times10^{-11}$	N_2H_4(히드라진)	$K_1=8.5\times10^{-7}$
HCN(시안산)	4.0×10^{-10}		$K_2=8.9\times10^{-16}$
H_2S(황화수소산)	$K_1=1.0\times10^{-7}$	CH_5N(메틸아민)	5.0×10^{-4}
	$K_2=1.3\times10^{-13}$	C_5H_5N(피리딘)	1.5×10^{-9}
HNO_2(아질산)	4.5×10^{-4}	HS^-(황화수소이온)	1.8×10^{-7}
$H_2C_2O_4$(옥살산)	$K_1=5.9\times10^{-2}$	CO_3^{2-}(탄산이온)	$K_1=1.8\times10^{-4}$
	$K_2=6.4\times10^{-5}$	ClO^-(하이포아염소산이온)	3.3×10^{-7}
C_6H_6O(페놀)	1.3×10^{-10}	$(C_2H_5)_2NH$(디에틸아민)	9.6×10^{-4}
H_3PO_4(인산)	$K_1=7.5\times10^{-3}$		
	$K_2=6.2\times10^{-8}$		
	$K_3=3.6\times10^{-13}$		

예제 9-6 25°C, 0.1M 암모니아 수용액의 pH는 얼마인가?

풀이 $NH_3 + H_2O \rightleftarrows NH_4^+ + OH^-$

$K_b = \frac{[NH_4^+][OH^-]}{[NH_3]} = 1.8\times10^{-5}$ (표9.2 참조)

$[NH_4^+]=[OH^-]$ = x라 두면 $[NH_3]$ = 0.1 - x ≒ 0.1(약한 염기이기 때문)

그러므로 $\frac{[NH_4^+][OH^-]}{[NH_3]} = \frac{x^2}{0.1} = 1.8\times10^{-5}$

→ $x^2 = 1.8\times10^{-6}$, $x = 1.34\times10^{-3}$M

→ $[OH^-] = 1.34\times10^{-3}$M, pOH = 2.87

pH = 14 - pOH = 11.13

정답 11.13

9.6 산 - 염기 적정

산과 염기가 반응하면 염(salt)과 물이 생성된다. 반응하는 산의 양과 염기의 양이 같으면 생성물은 중성이 되고 이를 중화(neutralization)되었다고 한다. 중화반응을 이용하여 산과 염기의 양을 측정하는 방법을 적정(titration)이라 하며 이론적 배경은 다음과 같다.

$$N_A \cdot V_A = N_B \cdot V_B \qquad (식\ 9.23)$$

여기서 N_A와 V_A는 산 용액의 노르말농도와 부피이며 N_B 와 V_B는 염기 용액의 노르말 농도와 부피이다. 적정 방법은 농도를 모르는 산성 용액이나 염기성 용액의 부피만을 측정하여 지시약과 함께 삼각 플라스크에 넣은 후 반대 성질의 표준농도 적정액을 뷰렛에 넣어 지시약이 변색될 때 까지 천천히 떨어뜨려 그 소모량을 측정하는 것이다.

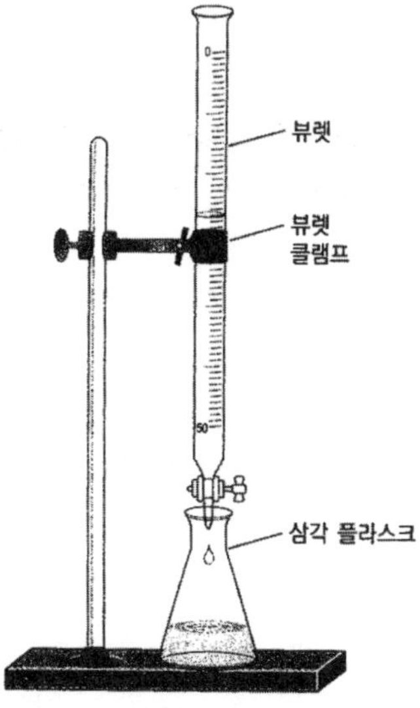

그림 9.1 산 - 염기 적정기구

적정시 산과 염기의 양이 동일하게 되는 지점을 당량점(equivalence point) 혹은 종말점(end point)라고 하며 센 산-센 염기 적정의 경우 당량점은 pH = 7에서 나타나지만 센 산-약한 염기 적정은 pH 〈 7에서, 그리고 약한 산-센 염기 적정은 pH 〉 7에서 당량점이 형성된다. 이 같은 결과는 산과 염기의 세기가 다를 경우 당량점에서 중성이 아니기 때문이다.

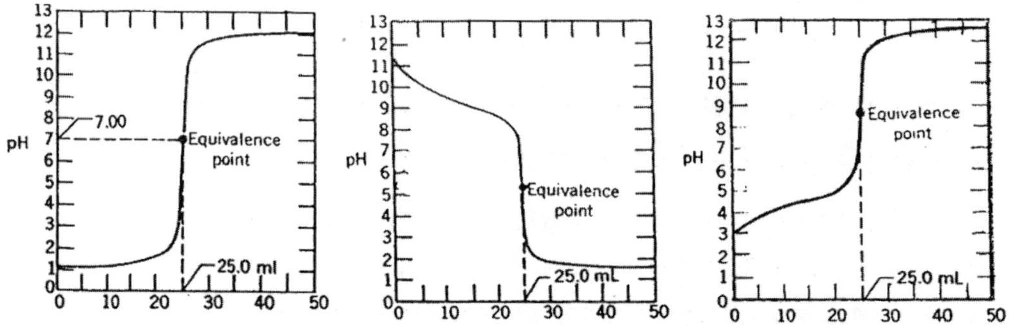

a) 센 산을 센 염기로 적정　　b) 약한 염기를 센 산으로 적정　　c) 약한 산을 센 염기로 적정

그림 9.2 산-염기 용액(25mL)의 적정곡선

예제 9-7 농도를 모르는 NaOH 수용액 40mL를 0.1M HCl 수용액으로 적정하였다. 당량점까지 소비된 HCl 수용액의 부피가 20mL 이라면 NaOH 수용액의 농도는?

풀이 $N_A \cdot V_A = N_B \cdot V_B$

$(0.1N)\ (20mL) = (N_B)\ (40mL)$

HCl과 NaOH는 1mol 이 1당량이므로 $N_B = 0.05N$

정답 0.05N

예제 9-8 0.1M CH_3COOH 50mL를 0.1M NaOH 50mL로 적정 했을때 당량점의 pH는 얼마인가? (25℃)

풀이 $[CH_3COO^-]$ = 0.05M (용액의 부피가 두 배로 증가했기 때문)

$$CH_3COO^-(aq) + H_2O \rightleftarrows CH_3COOH(aq) + OH^-(aq)$$

$K_b = \frac{[CH_3COOH][OH^-]}{[CH_3COO^-]}$ 여기서 $[OH^-]$ = x 라 두면

$$\frac{x^2}{[CH_3COO^-]} = K_b = \frac{K_w}{K_a}$$

CH_3COOH의 $K_a = 1.8 \times 10^{-5}$이고(표 9.3참조), $K_w = 1 \times 10^{-14}$이므로

$$\frac{x^2}{0.05M} = 5.6 \times 10^{-10}, \quad x = 5.3 \times 10^{-5}$$

pOH = 4.28, pH = 14 - pOH = 9.72

정답 9.72

9.7 완충용액

소량의 센 산이나 센 염기를 첨가하여도 용액의 pH가 변하지 않는 용액을 완충용액(buffer solution)이라 한다. 완충용액은 약한산과 그 짝염 또는 약한 염기와 짝염을 포함한 용액으로 CH_3COOH-CH_3COONa 수용액이 대표적인 예이다. 완충용액의 효과는 르샤뜰리에의 원리에 의한 것이며 CH_3COOH-CH_3COONa 계 완충용액을 통해 알아보자.

$$CH_3COOH + CH_3COONa \leftrightarrows$$
$$CH_3COO^- + H^+ + CH_3COONa \qquad (식\ 9.24)$$

위의 평형상태에 외부로부터 소량의 센 산(H^+)이 첨가되면 생성물 농도의 증가라는 외부로부터의 자극을 초래하고 Le

Chatelier의 원리에 의해 역반응의 속도가 증가하여 H^+의 농도를 일정하게 유지시켜준다. 소량의 센 염기(OH^-)가 첨가 될 경우도 H^+와의 반응을 통해 물로 변하므로 생성물 H^+의 농도 감소를 야기한다. 따라서 구체적으로 생성물 농도감소라는 외부 자극으로 인해 평형상태는 깨어지고 생성물 농도를 증가시키기 위해 정반응이 다시 진행되어 H^+의 농도는 일정하게 유지된다. 약산의 짝염인 CH_3COONa는 용액 중의 공통이온인 CH_3COO^-의 농도를 일정하게 유지하는 역할을 한다. 이 같은 완충용액의 작용원리를 약한 산(HX)의 알짜 일반식으로 나타내보자.

$$HX(aq) \leftrightarrows H^+(aq) + X^-(aq) \qquad \text{(식 9.25)}$$

$$K_a = \frac{[H^+][X^-]}{[HX]} \qquad \text{(식 9.26)}$$

$$[H^+] = K_a \cdot \frac{[HX]}{[X^-]} \qquad \text{(식 9.27)}$$

여기서 $[H^+]$는 약한산의 산해리상수(K_a)와 약한산 농도($[HX]$) / 짝염기 농도($[X^-]$)에 비례한다. 또한 $[X^-]$는 약한산의 농도보다 완충용액중의 짝염의 농도에 의해 결정됨을 기억해야 한다. 왜냐하면 약한산의 해리는 아주 작지만 짝염은 100% 해리하기 때문이다.

■ 소량의 H^+ 첨가 경우

$$H^+(aq) + X^-(aq) \rightarrow HX(aq) \qquad \text{(식 9.28)}$$

■ 소량의 OH^- 첨가 경우

$$OH^-(aq) + HX(aq) \rightarrow H_2O(\ell) + X^-(aq) \qquad \text{(식 9.29)}$$

첨가되는 H^+와 OH^-가 소량이므로 식 9.28과 식 9.29에서 생성되는 HX 및 X^-의 농도가 크지 않고 식 9.27의 $[HX]/[X^-]$에

끼치는 영향도 작아 〔H^+〕는 큰 변화를 나타내지 않게 된다. 따라서 〔HX〕/〔X^-〕값이 1인 경우 이상적인 완충용액이며 식 9.26에 의해 〔H^+〕 $=K_a$의 관계가 성립한다.

$$[H^+] = K_a \quad (\frac{[HX]}{[X^-]} = 1 \text{ 인 경우}) \qquad (\text{식 } 9.30)$$

또한 식 9.27을 대수값(log)으로 다시 정리하면 다음과 같다.

$$pH = pK_a - \log\frac{[HX]}{[X^-]} \qquad (\text{식 } 9.31)$$

식 9.31은 다음과 같은 의미를 가진다.

$$pH = pK_a - \log\frac{[\text{짝염기}]}{[\text{약한산}]} \qquad (\text{식 } 9.32)$$

이 식은 Henderson-Hasselbalch 식이라고 하며 완충용액의 pH계산에 식 9.27과 함께 유용하게 사용된다. 여기서 〔짝염기〕는 식 9.27과 마찬가지로 완충용액 중의 짝염의 농도와 같음을 잊지 말아야 한다. 완충용액에서 X^-는 약한산과 짝 염의 공통이온으로서 두 물질로부터 해리되지만 약한 산의 해리는 약하고 염은 거의 100%해리 되므로 〔X^-〕는 〔짝염〕과 같다.

예제 9-9 1L의 CH_3COOH–CH_3COONa 완충용액에 CH_3COOH와 CH_3COONa가 모두 0.1mol씩 들어 있다.

(1) 이 완충용액의 pH는 얼마이며

(2) 0.01mol의 NaOH를 넣은 후의 pH는 얼마인가?

(단 CH_3COOH의 K_a는 1.8×10^{-5}이다.)

풀이 (1) 식 9.27에 의해 완충용액의 pH를 계산

(용액의 부피가 1L 이므로 용질 mol수가 M농도)

$$[H^+] = K_a \cdot \frac{0.1M(\text{약한산 농도})}{0.1M(\text{짝염 농도})} = 1.8\times10^{-5}$$

$$pH = -\log(1.8\times10^{-5}) = 4.74$$

(2) NaOH 첨가로 인한 반응식과 각 성분의 mol수 계산

	NaOH +	CH_3COOH ⇆	CH_3COOH +	H_2O
반응시작	0.01mol	0.1mol	0.1mol	
평형상태	0mol	0.09mol	0.11mol	

식 9.27에 의해 pH를 계산

$$[H^+] = K_a \cdot \frac{0.09M}{0.11M} = 1.47\times10^{-5}$$

$$pH = 4.83$$

참고로 식 9.32를 통한 계산도 가능하며 동일한 답을 구할 수 있다.

정답 (1) 4.74 (2) 4.83

9.8 선택침전에 의한 이온분리

난용성염이 들어 있는 수용액의 pH를 조절하면 침전반응을 통해 여러 개의 이온들로부터 특정 이온을 분리 할 수 있다. 수산화물 형태의 난용성염은 비교적 간단하게 그 조건을 구할 수 있으나 탄산염이나 황산염 형태의 일반적인 난용성염은 조금 더

복잡한 계산과정이 필요하다.

예로서 용해도곱상수(K_{sp})의 차이가 큰 $Ca(OH)_2$와 $Mg(OH)_2$의 두 난용성염이 들어 있는 수용액으로 K_{sp}가 상대적으로 큰 $Ca(OH)_2$의 Ca^{2+}는 용액속에 남기고 K_{sp}가 작은 $Mg(OH)_2$는 침전을 통해 분리하는 과정을 알아보자.

25℃에서 $Ca(OH)_2$와 $Mg(OH)_2$의 K_{sp}는 각각 6.5×10^{-6}과 7.1×10^{-12}이며 $[Ca^{+}]$와$[Mg^{2+}]$는 모두 0.1M로 가정하자. 먼저 평형상태에서의 화학반응식은 각각 다음과 같다.

$$Ca(OH)_2 \rightleftarrows Ca^{2+} + 2\ OH^-$$
$$Mg(OH)_2 \rightleftarrows Mg^{2+} + 2\ OH^-$$

각각의 K_{sp}를 통해 포화용액 (평형상태)에서의 $[OH^-]$를 계산하여 pH를 구한다.

■ $Ca(OH)_2$의 경우

$K_{sp} = [Ca^{2+}][OH^-]^2 = 6.5\times10^{-6}$

$\rightarrow [OH] = \left(\frac{7.1\times10^{-6}M^3}{0.1M}\right)^{\frac{1}{2}} = 8.06\times10^{-3}M$

$\rightarrow pH = 14 - pOH = 14 - \log(8.06\times10^{-3}) = 11.91$

■ $Mg(OH)_2$의 경우

$K_{sp} = [Mg^{2+}][OH^-]^2 = 7.1\times10^{-12}$

$\rightarrow [OH] = \left(\frac{7.1\times10^{-12}M^3}{0.1M}\right)^{\frac{1}{2}} = 8.43\times10^{-6}M$

$\rightarrow pH = 14 - pOH = 14 - \log(8.43\times10^{-6}) = 8.93$

침전이 일어날 조건은 이온농도곱이 K_{sp}보다 큰 경우이므로 (7.5.1 참조)

$[OH^-]$가 $8.06 \times 10^{-3}M$ 이하이면 $Ca(OH)_2$의 침전은 생기지 않고 $[OH^-]$가 $8.43 \times 10^{-6}M$을 넘으면 $Mg(OH)_2$의 침전이 발생한다.

따라서 용액의 pH가 8.93 보다 크고 ($[OH^-]$가 $8.43 \times 10^{-6}M$보다 크고) 11.91이하에서 ($[OH^-]$가 $8.06 \times 10^{-3}M$이하에서) Ca^{2+}는 용액중에 남아 있고 Mg^{2+}만 $Mg(OH)_2$로 침전을 통해 분리된다.

예제 9-10 이온 농도가 각각 0.1M인 Mg^{2+}와 Sr^{2+}의 탄산염이 들어 있는 용액속에 0.01M의 H_2CO_3가 함께 들어 있다. 두 금속이온이 침전을 통해 분리되는 pH 조건은 무엇인가?
(단, $MgCO_3$와 $SrCO_3$의 K_{sp}는 각각 3.5×10^{-8}과 9.3×10^{-10},
H_2CO_3의 K_a는 2.0×10^{-17})

풀이 포화용액에서의 탄산이온농도 ($[CO_3{}^{2-}]$)를 먼저 계산한다.

- $MgCO_3$의 경우

$K_{sp} = [Mg^{2+}][CO_3{}^{2-}] = 3.5 \times 10^{-8}\ M^2$

$\rightarrow [CO_3{}^{-}] = \dfrac{3.5 \times 10^{-8} M^2}{0.1M} = 3.5 \times 10^{-7}M$

- $SrCO_3$의 경우

$K_{sp} = [Sr^{2+}][CO_3{}^{2-}] = 9.3 \times 10^{-10} M^2$

$\rightarrow [CO_3{}^{2-}] = \dfrac{9.3 \times 10^{-10} M^2}{0.1M} = 9.3 \times 10^{-9}\ M$

포화 용액에서의 $[CO_3{}^{2-}]$를 계산했으므로 이제 이 농도에 해당되는 $[H^+]$를 구한다.

$H_2CO_3 = 2\,H^+ + CO_3{}^{2-}$

$K_a = \dfrac{[H^+][CO_3^{2-}]}{[H_2CO_3]} \quad \rightarrow \quad [H^+] = \left(\dfrac{K_a \cdot [H_2CO_3]}{[CO_3^{2-}]}\right)^{\frac{1}{2}}$

• $MgCO_3$의 경우

$$[H^+] = \left(\frac{(2.0\times10^{-17}M^2)(0.01M)}{3.5\times10^{-7}M}\right)^{\frac{1}{2}} = 0.75\times10^{-6}M$$

pH= -log(0.75×10^{-6}) =6.13

$SrCO_3$의 경우

$$[H^+] = \left(\frac{(2.0\times10^{-17}M^2)(0.01M)}{9.3\times10^{-9}M}\right)^{\frac{1}{2}} = 0.46\times10^{-5}M$$

pH= -log(0.46×10^{-5}) =5.34

그러므로 pH가 5.34보다 크면 $SrCO_3$가 침전되고 6.13이하이면 $MgCO_3$가 침전되지 않고 용액 중에 있다.

정답 5.34 〈 pH ≤ 6.13

참고로 예제 9.10에서 H_2CO_3의 K_a 는 $K_{a1}\times K_{a2}$ 로부터 계산할수 있다.

$$K_{a1} = \frac{[HCO_3^-][H^+]}{[H_2CO_3]},\quad K_{a2} = \frac{[CO_3^{2-}][H^+]}{[HCO_3^-]}$$

K_{a1}과 K_{a2}는 표9.3에서 각각 4.2×10^{-7}과 4.8×10^{-11}이므로

$$K_a = K_{a1}\times K_{a2} = (4.2\times10^{-7})(4.8\times10^{-11}) = 2.02\times10^{-17}$$

즉 $K_a = 2\times10^{-17}$으로 동일하다.

마찬가지로 인산(H_3PO_4)의 경우에는 $K_a = K_{a1}\times K_{a2}\times K_{a3}$의 관계가 성립된다.

연 습 문 제

1 25℃ 수용액내 $[OH^-]$가 0.001 M이다. pH는 얼마인가?

2 염기해리상수(K_b)가 1.8×10^{-7} 인 0.2M NH_4OH와 0.1M NH_4Cl이 들어 있는 용액의 pH는 얼마인가?

3 0.1M H_2SO_4 수용액 50mL를 0.1M NaOH 수용액으로 적정하였다. 당량점의 pH는?

4 0.2M HF 수용액 50mL를 0.1M NaOH 수용액으로 적정하였다. 당량점이 pH는?

5 pH5.15의 완충용액 1L를 제조하기 위하여 1mol CH_3COOH에 첨가할 CH_3COONa의 양은 몇 g인가? (단 Na의 원자량은 23amu)

6 500mL의 0.5M CH_3COOH와 0.5M의 CH_3COONa로 이루어진 완충용액에 0.1mol의 NaOH를 첨가했을 때의 pH 변화는 얼마인가?

7 0.12M lactic acid($HC_3H_5O_3$)와 0.1M sodium lactate($NaC_3H_5O_3$)로 구성된 완충용액의 pH는 얼마인가? (단 lactic acid의 $K_a = 1.4 \times 10^{-4}$)

$$HC_3H_5O_3(aq) \rightleftarrows H^+(aq) + C_3H_5O_3^-(aq)$$

8 0.15M CH_3COOH와 0.5M CH_3COONa 로 구성된 완충 용액의 pH는 얼마인가? (단 K_a 는 1.75×10^{-5}M)

9 용액내 Ag^+ 와 Pb^{2+}의 농도가 각각 0.01 M 과 0.02M 이다. Ag^+ 는 AgCl로 침전시키고 Pb^{2+}는 용액 중에 남아 있을 염소이온의 농도 조건은? (단 AgCl의 K_{sp}는 1.8×10^{-10} M^2 , $PbCl_2$의 K_{sp}는 $1.7 \times 10^{-5} M^3$)

10 용액내 Mn^{2+}와 Cu^{2+}의 농도가 모두 0.1M이다. Cu^{2+}를 Mn^{2+}로 분리하여 침전시킬 수 있는 pH범위를 계산하라. (단 온도는 25℃, $Mn(OH)_2$의 K_{sp}는 1.2×10^{-11}, $Cu(OH)_2$의 K_{sp}는 4.8×10^{-20})

제10장 산화와 환원

산화반응(oxidation reaction)은 어원처럼 산소 원자가 결합되거나 전자가 떨어져 나가는 반응이다. 이와는 반대로 환원반응(reduction reaction)은 산소가 떨어져 나가거나 전자를 얻는 반응이라 할 수 있다. 그러나 산화반응과 환원반응은 독립적으로 진행되지 않고 화학반응의 한 물질이 산화되면 그 상대물질은 환원된다. 따라서 산화반응과 환원반응은 흔히 산화-환원반응(oxidation-reduction reaction) 또는 레독스반응(redox reaction)이라고 말한다. 산화-환원 반응은 생태계내 많은 생물과 무생물의 에너지 생산과 직접적인 관련이 있는 매우 중요한 반응 형태이다. 생물체내의 호흡 및 에너지대사작용과 무생물의 연소 및 전기화학적 에너지발생이 좋은 예가 된다.

산화와 환원은 특정 원소의 붙고 떨어지는 현상이긴 하나 이론적인 정의는 산화수(oxidation number)의 변화로 표현되며 구체적으로 산화는 산화수가 증가하는 반응이며 환원은 산화수가 감소한다.

산화 : 산화수가 증가하는 반응
환원 : 산화수가 감소하는 반응

10.1 산화수

산화수는 분자 또는 이온 등의 화학종을 구성하는 각 원자의 산화상태를 나타내는 수이며 원자들이 실제로 얻거나 잃거나 공유한 전자의 갯수에 의존한다.

산화수를 결정하기 위한 규칙은 다음과 같다.

1. 원소 및 단체의 산화수는 0이다.
   다른 원자와 결합하지 않은 원자와 단체(elements)내 각 원자들은 산화수는 모두 0이다. 예로서 헬륨(He)의 산화수는 0이며 염소기체(Cl_2)내 염소원자의 산화수는 0이다.

2. 중성분자를 구성하는 원자들의 산화수를 합하면 0이다.
   전기적으로 중성인 일반적인 화합물 분자내 구성원자들의 산화수를 모두 더하면 0이 된다. 예로서 H_2O내 O의 산화수가 -2이면 H의 산화수는 +1이 된다.

3. 단원자이온과 다원자이온내 원자들의 산화수 합은 이온의 전하와 같다.
   단원자이온(uniatomic ion)은 원자 한 개로 된 이온을 말하며 이온의 전하와 이온구성원자의 산화수는 같다. 두 개 이상의 원자로 구성된 다원자이온(polyatomic ion)내 각 원자들의 산화수를 모두 합하면 이온의 전하와 같다. 예로서 Cl^-의 Cl원자 산화수는 -1이며 OH^-의 산소원자 산화수가 -2이면 H의 산화수는 +1이 된다.

4. 화합물내 산소원자의 산화수는 -2, 수소원자의 산화수는 +1이다.

서로 다른 두개 이상의 원소들로 구성된 화합물의 경우 산소의 산화수는 항상 -2이다. 그러나 예외적으로 과산화물의 경우에는 산소원자의 산화수가 -1이다. 수소원자는 화합물 내에서 산화수가 항상 +1이지만 금속과 결합한 금속수소화물의 경우에는 예외적으로 수소 원자의 산화수가 -1이다. 예로서 NO_2에서 N의 산화수는 +4가 되고 NH_3에서 N의 산화수는 -3이 된다. 그러나 H_2O_2는 과산화물이어서 O의 산화수가 -1이고 CaH_2에서는 Ca원자가 금속이므로 H의 산화수는 -1이다.

예제 10-1 다음 화학종내 밑줄 친 원자들의 산화수는 얼마인가?

a) $H_2\underline{S}$ b) $\underline{S}O_2$ c) $H_2\underline{S}O_4$ d) $\underline{S}_8$

e) $\underline{Cr}_2O_7^{2-}$ f) $\underline{O}_3$ g) $\underline{N}H^+_4$ h) $Mg\underline{H}_2$

풀이

a) 화합물내 수소 원자의 산화수가 +1이므로 S의 산화수는 -2
b) 화합물내 산소 원자의 산화수가 -2 이므로 S의 산화수는 +4
c) H는 +1, O는 -2를 넣고 전체가 0이 될려면 S의 산화수는 +6
d) 한 종류의 원소로만 이루어진 단체이므로 S의 산화수는 0
e) O는 -2를 넣고 전체적으로는 -2가 되어야 하므로 Cr의 산화수는 +6
f) 한 종류의 원소로만 이루어진 단체이므로 O의 산화수는 0
g) H는 +1을 넣고 전체적으로는 +1이 되어야 하므로 N의 산화수는 -3
h) Mg(마그네슘)는 금속이므로 H의 산화수는 -1

정답 a) -2 b) +4 c) +6 d) 0 e) +6 f) 0 g) -3 h) -1

산화수를 결정할 수 있다면 다음 반응을 통해 산화반응과 환원반응을 구별해 보자.

$$Fe(s) + \frac{1}{2}O_2(g) \rightarrow FeO(s) \qquad (식\ 10.1)$$

위 반응식에서 반응물의 Fe(s)와 O_2(g)는 원소와 단체이므로 각 구성 원자의 산화수는 0이다. 그러나 생성물인 FeO(s)는 화합물이어서 Fe원자와 O원자의 산화수는 각각 +2와 -2이다. 그러므로 반응식에 표현된 원소들의 산화수 변화는 반응 전후를 통해 다음과 같다.

Fe : O → +2 (산화)
O : O → -2 (환원)

즉 Fe원자는 산화수가 증가하므로 산화되었고 O원자는 산화수가 감소하여 환원되었다.

10.2 산화제와 환원제

산화-환원 반응에서 상대 반응물을 산화시키는 물질을 산화제(oxydizing agent)라 하고 상대 반응물을 환원시키면 환원제(reducing agent)라고 한다. 산화제는 반응과정을 통해 자신이 환원되고 환원제는 반응을 통해 스스로 산화된다. 산소(O_2)는 가장 대표적인 산화제로서 일반 가연물의 연소반응(combustion reaction)이나 생체내 에너지대사작용(energy metabolism)등에서 그 역할을 볼 수 있다. 환원제의 예로서는 수소(H_2)와 탄소(C) 등을 들 수 있으며 탄소는 광물의 제련과정에서 코크스(cokes)형태로 투입되어 금속의 환원에 이용되고 있다.

10.2.1 산화제와 위험물질

연소반응처럼 대부분의 산화반응은 큰 발열량을 수반하며 산화제는 쉽게 산소를 방출하는 특성이 있어서 산화제 분자들 가운데에는 위험물질로 분류되는 종류가 많다. 염소산염류, 브롬산염류, 과망간산염류, 질산염류, 중크롬산염류 등은 실온에서 고체상태인 산화제들인데 다른 물질과의 접촉시 쉽게 산소를 방출하며 반응속도도 매우 커서 위험물질로 취급한다. 또한 황산, 질산, 과산화수소, 과염소산 등은 실온에서 액체 상태인 산화제들이며 유기물에 대한 강한 산화작용과 물에 의한 발열등의 특성이 있어 위험물질로 구분된다. 특히 과산화수소는 다양한 성질이 있어 농도에 따라 여러 용도로 이용되는데 3% 수용액은 살균작용으로 인한 소독제로, 6%수용액은 머리카락등의 표백제로, 30% 수용액은 공업용 산화제로, 85%이상은 로켓 추진 연료로 이용된다.

10.2.2 환원제와 광물의 환원

환원제는 일상생활 속에서 제산제로 사용되는 수산화마그네슘($Mg(OH)_2$)이나 사진필름 현상액으로 이용되는 하이드로퀴논(hydroquinone, $C_6H_4(OH)_2$) 등을 예로 들 수 있으며 금속광석의 환원에 사용되는 코크스도 대표적인 예이다. 코크스는 석탄으로부터 휘발성분을 제거한 것이며 주성분은 탄소원자이다. 지하자원으로 자연에 존재하는 금속광석은 금속산화물과 금속황화물이 대표적인 형태이며 제련용 로(furnace)속에서 탄소에 의해 환원된다.

$$MO_2(\text{금속산화물}) + C(\text{코크스}) \rightarrow M(\text{금속}) + CO_2(g)$$

(식 10.2)

제련과정에서 CO기체가 부분적으로 발생하기도 하나 CO역시 환원제이며 공업적으로도 유용한 기체이다.

$$FeO(s) + CO(g) \rightarrow Fe(s) + CO_2(g) \qquad (식\ 10.3)$$

$$CuO(s) + CO(g) \rightarrow Cu(s) + CO_2(g) \qquad (식\ 10.4)$$

텅스텐의 제련공정에는 수소기체(H_2)가 환원제로 사용된다.

$$WO_3(s) + 3H_2(g) \rightarrow W(s) + 3H_2O(g) \qquad (식\ 10.5)$$

10.3 전기화학

전기화학(electrochemistry)은 전기에너지와 화학에너지의 변환에 관한 학문으로서 화학반응을 통한 전기에너지의 생성과 전기에너지의 공급을 통한 화학반응의 유발과정 모두를 포함하는 분야이다. 화학전지는 화학반응을 통해 전기에너지를 생산하는 장치이며 전기분해는 전기에너지를 공급하여 화학반응을 유발하는 것이다. 전기화학은 산화-환원 반응을 대상으로 하며 산화반응이 진행되는 곳과 환원반응이 진행되는 곳 사이의 전자이동에 관한 이론이다.

10.3.1 전극

전극(electrode)은 산화-환원 반응이 진행되는 곳을 말하며 일반적으로 금속과 금속이온의 접촉으로 이루어진다. 실제적으로는 특정 고체 금속이 그 금속 이온을 포함하고 있는 용액속에 부분적으로 잠겨져 있는 상태이며 수소전극은 특별히 수소기체가 수소이온을 포함한 수용액과 접촉하고 있고 몇 가지 할로겐족 원소들도 기체상태의 전극을 구성한다. 전극은 금속과 이온

사이를 세로 줄로 구분하고 일반적으로 다음과 같이 표현한다.

$$\text{electrode : } M(s) \mid M^{n+}(aq) \qquad (\text{식 } 10.6)$$

전기화학에서 전극은 두 종류가 있으며 산화반응이 진행되는 산화전극(anode)과 환원반응이 진행되는 환원전극(cathode)이다. anode와 cathode는 우리말로 각각 양극과 음극의 공식적인 용어가 있다. 그러나 화학전지와 전기분해전지에서 cathode는 각각(+)극과 (-)극으로 전기적 부호가 뒤바뀌어진다. 따라서 anode와 cathode를 양극과 음극이라고 고정해서 호칭해도 좋고 그렇지 않을 경우 전기적 부호와의 혼동을 고려하여 각각 산화전극과 환원전극이라고 하면 편리하다.

10.3.2 전극전위

산화-환원 반응을 포함한 모든 종류의 화학반응은 반응용이성이 각기 다르다. 화학반응이 진행되기 쉬운 정도가 반응용이성이며 몰당 Gibbs 자유에너지 변화량(⊿G)으로 표현하고 이를 화학전위 또는 화학퍼텐셜(chemical potential, μ)이라고 한다. ⊿G에 관해서는 다음 장(11.2.3)에서 소개하고자 한다. 전극에서 진행되는 산화-환원 반응 역시 전극금속의 종류에 따라 화학전위가 다르며 특정 전극이 가지는 전극반응(electrode reaction)의 화학전위를 전기적 에너지단위로 표현한 것이 전극전위(electrode potential, E)이다. 전극전위의 단위는 볼트(volt, V)이며 표준상태(25℃, 1기압)와 1M 이온농도의 환원형 전극반응에 대한 전극전위를 표준환원전위(standard reduction potential, E°)라고 한다.

표 10.1 몇 가지 전극반응과 표준환원전위(25℃, 수용액)

전극물질	전극반응(환원형)	E^o(V)
F_2	$F_2(g) + 2e^- \rightarrow 2F^-(aq)$	2.87
Au	$Au^{3+}(aq) + 3e^- \rightarrow Au(s)$	1.42
Cl_2	$Cl_2(g) + 2e^- \rightarrow 2Cl^-(aq)$	1.36
Br_2	$Br_2(\ell) + 2e^- \rightarrow 2Br^-(aq)$	1.07
Hg	$Hg^{2+}(aq) + 2e^- \rightarrow Hg(\ell)$	0.85
I_2	$I_2(s) + 2e^- \rightarrow 2I^-(aq)$	0.54
Cu	$Cu^{2+}(aq) + 2e^- \rightarrow Cu(s)$	0.34
H_2	$2H^+(aq) + 2e^- \rightarrow H_2(g)$	0.00
Pb	$Pb^{2+}(aq) + 2e^- \rightarrow Pb(s)$	-0.13
Sn	$Sn^{2+}(aq) + 2e^- \rightarrow Sn(s)$	-0.14
Ni	$Ni^{2+}(aq) + 2e^- \rightarrow Ni(s)$	-0.23
Cd	$Cd^{2+}(aq) + 2e^- \rightarrow Cd(s)$	-0.40
Fe	$Fe^{2+}(aq) + 2e^- \rightarrow Fe(s)$	-0.44
Cr	$Cr^{3+}(aq) + 3e^- \rightarrow Cr(s)$	-0.74
Zn	$Zn^{2+}(aq) + 2e^- \rightarrow Zn(s)$	-0.76
Al	$Al^{3+}(aq) + 3e^- \rightarrow Al(s)$	-1.71
Mg	$Mg^{2+}(aq) + 2e^- \rightarrow Mg(s)$	-2.38
Na	$Na^+(aq) + e^- \rightarrow Na(s)$	-2.71
Ca	$Ca^{2+}(aq) + 2e^- \rightarrow Ca(s)$	-2.76
K	$K^+(aq) + e^- \rightarrow K(s)$	-2.93
Li	$Li^+(aq) + e^- \rightarrow Li(s)$	-3.04

표 10.1에서 수소전극은 환원전위가 0.00 volt 이며 모든 전극전위값의 기준이 되는 표준수소전극(standard hydrogen electrode, SHE)이다. SHE는 HSE(수소표준전극)라고도 하며 1기압의 수소기체와 1M의 수소이온 수용액으로 구성되어 있고 전자의 이동은 백금 금속선을 통해 이루어진다. 수소전극

을 기준으로 윗 쪽은 환원전위가 모두 양의 값으로서 수소전극에 비해 상대적으로 환원성이 크고 산화제로서의 역할도 강하다. 그러나 수소전극의 아래쪽은 환원전위가 음의 값을 가지며 아래로 내려갈수록 산화성이 커져 환원제로서의 세기가 점점 더 강해진다. 모든 전극의 환원전위는 수소전극의 환원성에 대한 상대적 수치이며 만약 새로운 전극이 구성되면 표준수소전극과 연결하여 어느 쪽이 얼마만큼 전자를 더 잘 잃거나 받아들이느냐에 의해 전극전위가 결정된다. 그러나 수소전극은 고순도의 수소가스 사용과 환원용액에서의 제한성으로 인해 일반적으로는 참조전극(reference electrode)이 수소전극의 역할을 대신한다. 참조전극은 수소전극으로부터 환원성을 보정받은 전극으로서 감홍(Hg_2Cl_2)을 전극물질로 사용하는 감홍전극(caromel electrode)이 대표적이다.

$$Hg_2Cl_2(s) + 2e^- \rightarrow 2Hg(\ell) + 2Cl^-(aq) \quad E^o = 0.24V$$

(식 10.7)

10.3.3 전지와 기전력

전기화학전지(electrochemical cell)는 두 종류가 있으며 전해전지(electrolytic cell)와 볼타전지(voltaic cell)이다. 전해전지는 전류를 공급하여 비자발적인 산화-환원 반응이 전극에서 진행되는 전기분해(electrolysis)장치이다. 그러나 볼타전지는 자발적인 산화-환원 반응에 의해 전기가 생성되는 장치를 말하며 갈바니전지(Galvanic cell)라고도 한다. 볼타전지는 한 쌍의 전극을 연결한 것으로서 두 전극간 환원성의 차이로 인해 발생한 전자이동은 연결된 전선을 통해 이루어지며 용액간 전하의 균형은 염다리(salt bridge)를 통해 유지된다. 볼타전지는 한 쌍의 전극으로 구성되므로 배터리(battery)라고도 하며 각각의 전극을 반쪽전지(half cell)라고 한다. 또한 전지의 표현은 전극과 전극 사이에 세로줄 두 개를 표시하고 산화전극은 왼쪽에 두며 환원전극은 오른쪽에 두어 아래와 같이 표기한다.

$$(-)\ M_{\text{산화}}\ |\ M^{n+}\ \|\ M^{n+}\ |\ M_{\text{환원}}\ (+) \qquad (\text{식 } 10.8)$$

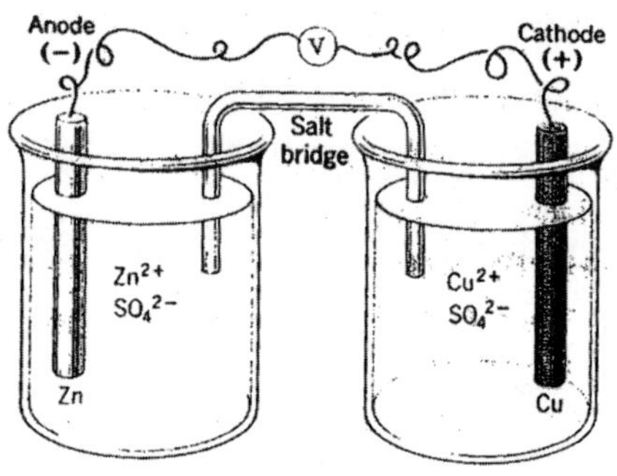

그림 10.1 아연-구리 볼타전지

아연-구리 볼타전지에서 아연(Zn)전극은 산화반응이 진행되는 산화전극(anode)이고 구리(Cu) 전극은 환원전극(cathode)이다.

$$\text{anode : } Zn(s) \rightarrow Zn^{2+}(aq) + 2e^{-} \qquad (\text{식 } 10.9)$$

$$\text{cathode : } Cu^{2+}(aq) + 2e^{-} \rightarrow Cu(s) \qquad (\text{식 } 10.10)$$

$$\text{cell : } Zn(s) + Cu^{2+}(aq) \rightarrow Zn^{2+}(aq) + Cu(s) \qquad (\text{식 } 10.11)$$

식 10.9과 식 10.10은 전극반응이며 식 10.11은 두 전극반응을 합한 것으로 전지반응(cell reaction)이라고 한다. 아연은 구리보다 산화되기 쉬워 전자를 발생시키고 전선을 통해 구리

전극으로 전자는 이동한다. 또한 전자이동에 따른 두 전극 용액의 전하 불균형은 염다리를 통한 이온이동을 통해 해소된다. 즉 염다리를 통해 전해질용액 내 양이온은 아연전극에서 구리 전극으로 이동하고 음이온은 구리 전극에서 아연전극으로 이동한다. 두 전극의 환원성 차이로 인해 발생한 전극전위값의 차이를 전극전위차 또는 전지의 기전력(electromotive force, emf)이라고 한다. 기전력은 항상 환원전극전위에서 산화전극전위를 뺀 값이다.

기전력(emf) = 환원전극전위 - 산화전극전위 (식 10.12)

따라서 구리-아연 볼타전지의 표준상태 기전력은 0.34 - (-0.76) = 1.1 volt 이다.(표 10.1참조) 그러나 볼타전지의 전극용액이 1M이 아닌 경우에는 전극전위값이 약간씩 달라진다. 농도에 따른 전극전위값의 변화는 Nernst식(Nernst equation)을 통해 계산한다.

$$\text{Nernst식 : E(전극전위)} = \text{E}^{o}\text{(표준환원전위)} - \frac{R \cdot T}{n \cdot F}\ln Q \qquad \text{(식 10.13)}$$

식 10.13에서 n은 이동하는 전자의 갯수, F는 Faraday 상수(96485 Coulomb/mol), R은 기체상수(8.314 J/K·mol), T는 절대온도, Q는 반응지수(reaction quotient)이다. 반응지수는 생성물들의 활동도(activity, a)곱을 반응물들의 활동도곱으로 나눈 값인데 활동도는 농도에 활동도 계수(activity coefficient, γ)를 곱한 항이며 묽은 용액에서는 농도와 유사한 값을 가진다.

$$aA + bB \rightarrow cC + dD$$

$$Q(\text{반응지수}) = \frac{a_c^c \cdot a_D^d}{a_A^a \cdot a_B^b} \doteqdot \frac{[C]^c[D]^d}{[A]^a[B]^b} \quad (\text{묽은 용액})$$

(식 10.14)

25℃에서 상수항과 온도(298K)를 각각 대입하고 자연대수(ln)를 상용대수(log)로 바꾸어 미리 계산하면 식10.12는 식 10.14로 표현된다.

$$\text{Nernst식}(25℃) : E = E^o - \frac{0.059}{n} \log Q \quad (\text{식 } 10.15)$$

Nernst식을 통해 전극전위와 전극 반응의 평형상수(K)와의 유용한 관계가 규정된다.

$$E^o = \frac{0.059}{n} \log K_c \quad (25℃) \qquad (\text{식 } 10.16)$$

예제 10-1 Zn^{2+} 및 Cu^{2+} 의 농도가 각각 0.1M 과 0.01M인 볼타전지의 전기력은 몇 volt인가? (온도는 25℃)

풀이 먼저 전극반응의 반응지수와 전극전위를 계산 한다

- Zn 전극

$Zn(s) \rightarrow Zn^{2+}(aq) + 2e^-$

$Q_{Zn} = \frac{[Zn^{2+}]}{[Zn(s)]} = [Zn^{2+}] = 0.1$

(용액내 고체의 농도는 활동도 개념으로 1이다.)

$E_{Zn} = E^o_{Zn} - \frac{0.059}{2} \log 0.1 = -0.76 + 0.03 = -0.73$ volt

---

- Cu 전극

$Cu^{2+}(aq) + 2e^- \rightarrow Cu(s)$

$$= \frac{[Cu(s)]}{[Cu^{2+}]} = \frac{1}{0.01} = 100$$

$$E_{Cu} = E°_{Cu} - \frac{0.059}{2} \log 100 = 0.34 - 0.06 = 0.28 \text{ volt}$$

기전력은 두 전극의 전위차이므로

기전력(emf) = 환원전극전위 - 산화전극전위

$= E_{Cu} - E_{Zn}$

$= 0.28 - (-0.73)$

$= 1.01$ volt

정답 1.01 volt

볼타전지는 여러 가지 다른 형태로 우리 생활에 이용되고 있다. 1회 사용후 폐기되는 1차전지(primary cell)로는 건전지(Leclanche cell, zinc-carbon dry cell), 알칼리건전지(alkaline dry cell), 수은전지(zinc-mercuric oxide cell) 등이 있으며 재충전 가능한 2차전지(secondary cell)는 납축전지(lead-acid storage battery), 니켈-카드뮴 전지(nickel-cadmium cell, nicad battery)가 대표적이다. 또한 특별한 방식의 재충전 전지로 최근 주목받는 연료전지(fuel cell) 등이 있다.

- **건전지**

anode : $Zn^{2+}(aq) + 2e^-$

cathode : $2MnO_2(s) + 2NH_4^+(aq) + 2e^- \rightarrow Mn_2O_3(s) + 2NH_3(aq) + H_2O(\ell)$

cell : $Zn(s) + 2MnO_2(s) + 2NH_4^+(aq) \rightarrow Zn^{2+}(aq)$

$+ Mn_2O_3(s) + 2NH_3(aq) + H_2O(\ell)$

■ 알칼리건전지

anode : $Zn(s) + 2OH^-(aq) \rightarrow Zn(OH)_2(s) + 2e^-$

cathode : $2MnO_2(s) + H_2O(\ell) + 2e^- \rightarrow Mn_2O_3(s) + 2OH^-(aq)$

cell : $Zn(s) + 2MnO_2(s) + H_2O(\ell) \rightarrow Zn(OH)_2(s) + Mn_2O_3(s)$

■ 수은전지

anode : $Zn(s) + 2OH^-(aq) \rightarrow Zn(OH)_2(s) + 2e^-$

cathode : $HgO(s) + H_2O(\ell) + 2e^- \rightarrow Hg(\ell) + 2OH^-(aq)$

cell : $Zn(s) + HgO(s) + H_2O(\ell) \rightarrow Zn(OH)_2(s) + Hg(\ell)$

■ 납축전지

anode : $Pb(s) + SO_4^{2-}(aq) \rightarrow PbSO_4(s) + 2e^-$

cathode : $PbO_2(s) + SO_4^{2-}(aq) + 4H^+ + 2e^- \rightarrow PbSO_4(s) + 2H_2O(\ell)$

cell : $Pb(s) + PbO_2(s) + SO_4^{2-}(aq) + 4H^+(aq) \rightarrow 2PbSO_4(s) + 2H_2O(\ell)$

■ 니카드 전지

anode : $Cd(s) + 2OH^-(aq) \rightarrow Cd(OH)_2(s) + 2e^-$

cathode : $2NiO(OH)(s) + 2H_2O(\ell) + 2e^- \rightarrow$

$$2Ni(OH)_2(s) + 2OH^-(aq)$$

cell : $Cd(s) + 2NiO(OH)(s) + 2H_2O(\ell) \rightarrow Cd(OH)_2(s) + 2Ni(OH)_2(s)$

■ 연료전지

anode : $H_2(g) + 2OH^-(aq) \rightarrow 2H_2O(\ell) + 2e^-$

cathode : $\frac{1}{2}O_2(g) + 2H_2O(\ell) + 2e^- \rightarrow 2OH^-(aq)$

cell : $H_2(g) + \frac{1}{2}O_2(g) \rightarrow H_2O(\ell)$

이 밖에도 두 전극물질은 동일하나 용액의 농도차를 이용하여 기전력을 얻는 농담전지(concentration cell) 등이 있다.

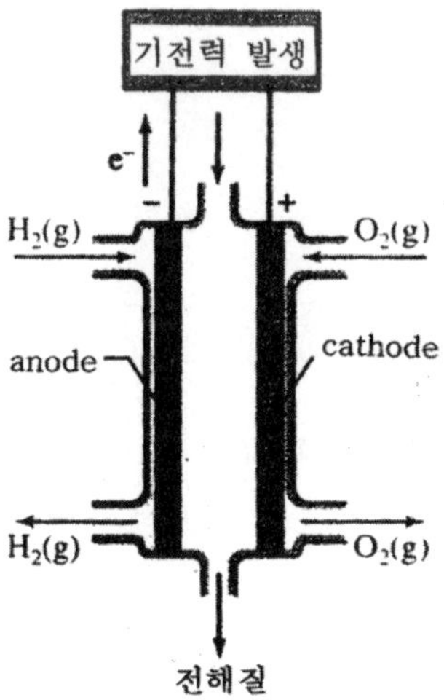

그림 10.2 수소-산소 연료전지

10.4 전기 분해

전해전지에서 진행되는 전기분해(electrolysis)는 전기에너지에 의해 물질이 분해 되는 전기화학적 반응이다. 전기분해는 반대 전하의 전극을 향해 이동하는 용액 내 이온들의 이동으로 진행되며 일상생활에서 전기도금(electroplating)이 대표적인 예이다. 금속도금의 경우 전해조내 환원전극에 도금할 물체를 연결하고 산화전극에는 도금금속을 매달아 용액 속에 담그면 전기에너지의 공급에 의해 환원전극에서 도금이 진행된다.

$$\text{anode : } M(s) \rightarrow M^{n+}(aq) + n\ e^-$$
$$\text{cathode : } M^{n+} + n\ e^- \rightarrow M(s)$$

공업적으로는 염수(brine)의 분해를 통한 수산화나트륨의 생산과 알루미늄, 구리, 마그네슘 등의 금속제련에 전기분해가 이용된다.

■ NaOH 제조

$$2Na^+(aq) + 2Cl^-(aq) + H_2O \rightarrow Cl_2(g) + H_2(g) + 2Na^+(aq) + 2OH^-(aq)$$

■ 알루미늄 제련(Hall process)

$$4Al^{3+}(\ell) + 6O^{2-}(\ell) \rightarrow 3O_2(g) + 4Al(\ell)$$

10.5 부식과 방식

부식(corrosion)은 금속이 원치 않은 화합물로 바뀌는 자발적 산화반응을 말하며 방식(anticorrosion)은 부식이 진행되지 않게 하는 것이다. 가장 흔한 부식의 예는 철의 녹이다. O_2는 표준환원전위가 1.23V이어서 -0.44V인 Fe보다 환원성이 강하다. 따라서 Fe는 O_2에 비해 상대적으로 산화성이 강해 산화된다.

$$\text{cathod}: \quad O_2(g) + 4H^+ + 2e^- \rightarrow 2H_2O(\ell)$$
$$E^o_{red} = 1.23V$$
$$\text{anode}: \quad Fe(s) \rightarrow Fe^{2+}(aq) + 2e^-$$
$$E^o_{red} = -0.44V$$

철은 표면의 부식을 방지하기 위해 녹방지 페인트를 칠하거나 아연피막을 입힌다. 아연피막 도금철(galvanized iron)은 피막이 손상되어 철이 공기중 산소에 노출되어도 철이 산화되기 전에 아연이 먼저 산화되어 철의 산화를 방지한다.

$$Fe^{2+}(aq) + 2e^- \rightarrow Fe(s) \qquad E^o_{red} = -0.44V$$
$$Zn^{2+}(aq) + 2e^- \rightarrow Zn(s) \qquad E^o_{red} = -0.76V$$

이와 같이 상대적으로 산화성이 큰(낮은 표준환원전위를 가진)금속은 산화성이 상대적으로 작은(양의 큰 표준환원전위를 가진) 금속을 보호하게 되는데 이를 음극화보호(cathodic protection)라고 한다. 또한 아연과 같이 자신이 산화되므로써 상대적으로 환원성이 큰 금속을 보호하는 금속(전극)을 희생양극(sacrificial anode)이라고 한다. 장거리 송유관이나 선박하부 등에 아연괴를 연결해 두는 것도 희생양극 용도이다.

연 습 문 제

1 다음 밑줄 친 원소의 산화수는 얼마 인가?

a) $\underline{Mn}O_2$ b) $Be\underline{H}_2$ c) $H\underline{P}O_4^{2-}$

2 납축전지의 cathode 반응에서 Pb의 산화수는 반응전후 각각 얼마인가?(10.3 참조)

3 니켈(Ni) 전극과 마그네슘(Mg) 전극을 연결하여 전지를 구성한다면 cathode는 어느 것인가?

4 표준상태 1M 농도하에서 어떤 전극의 전극전위가 감홍전극에 비해 1.5V 작았다. E^o 는?

5 표준상태에서 1M 농도하의 구리전극과 알루미늄 전극을 연결하면 emf는 몇 V인가?

6 아래 반응에서 Fe^{2+} 의 농도가 Fe^{3+} 농도의 2배이다. 전극전위는 몇 V인가?

$Fe^{3+}(aq) + e^- \rightarrow Fe^{2+}(aq)$ $E^o = +0.77V$

7 아래 반응의 평형상수(K_c)는 얼마인가?

$K^+(aq) + e^- \rightarrow K(s)$ $E^o = -2.93$

8 알루미늄 전극과 크롬 전극을 연결하여 제조한 전지의 25℃ 기전력은?

(단, 〔Cr^{3+}〕는 0.1M, 〔Al^{3+}〕은 0.2M 이다.)

$Cr^{3+}(aq) + 3e^- \rightarrow Cr(s)$ $E^o = -0.74V$

$Al^{3+}(aq) + 3e^- \rightarrow Al(s)$ $E^o = -1.71V$

9 아래 전지반응의 emf는 몇 V인가?

$Zn(s) + Cu^{2+}(0.02M) \rightarrow Zn^{2+}(0.40M) + Cu(s)$

$E^o = 1.10V$

10 납(Pb)과 구리(Cu)를 전선으로 연결하면 어느 금속이 희생양극이 되겠는가?

제11장 열화학

화학반응과 관련된 열량을 다루는 분야가 열화학(thermochemistry)이다. 열(heat)은 물체간 온도차에 의해 이동하는 에너지이며 한 물체의 열량 변화는 에너지의 이동이나 에너지간 형태변환에 의존한다. 에너지는 일(work)을 할 수 있는 능력으로 표현하며 SI 단위는 Joule(J)이다. 열량 변화가 진행되는 물체나 화학반응과 같이 관심의 대상인 영역을 계(system)라고 한다. 계는 우주의 한 부분으로서 경계(boundary)로 구분된 관심영역을 가리키며 공간뿐만 아니라 넓게는 시간과 여러 형태의 조건들을 만족하는 영역이고 경계의 외부영역은 주위(surrounding)이다. 계는 열린계(open system), 닫힌계(closed system) 그리고 고립계(isolated system)의 세 가지 형태가 있으며 경계를 통해 물질과 에너지의 이동이 모두 가능하면 열린계, 에너지의 이동은 가능하지만 물질의 이동이 불가능 하면 닫힌계, 두 가지 모두 이동이 불가능하면 고립계이다. 완전한 고립계는 현실적으로 존재하지 않고 단열(adiabatic)을 설명하기 위한 가상적인 계이며 대부분의 실제적인 계는 닫힌계 이다.

에너지는 일(work, W)을 할 수 있는 능력으로 정의되며 일은 힘(force, F)과 거리(distance, d)의 곱으로 표현된다.

$$W = F \times d \quad (식\ 11.1)$$

에너지는 운동에너지(kinetic energy, E_K), 퍼텐셜에너지(potential energy, E_P), 내부에너지(internal energy, E), 빛에너지(photo energy), 열에너지(thermal energy), 전기에너지(electric energy), 전자에너지(electronic energy), 결합에너지(bond energy, bond enthalpy), 해리에너지(dissociation energy) 등 수많은 형태가 있으며 일정한 압력하에서 어떤물체가 가지는 열에너지를 엔탈피(enthalpy, H)라고 한다. 엔탈피 변화량(enthalpy change, ⊿H)은 최종 상태의 엔탈피(H_{final})에서 처음 상태의 엔탈피($H_{initial}$)를 뺀 값이다.

$$\Delta H = H_{final} - H_{initial} \quad (식\ 11.2)$$

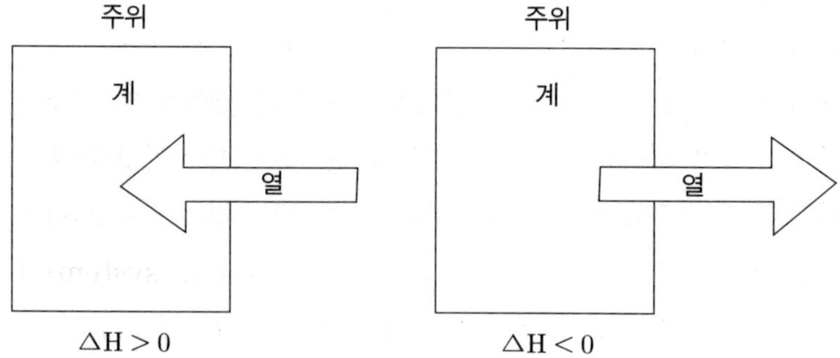

그림 11.1 계의 엔탈피 변화

11.1 에너지 보존

에너지는 형태간의 변환에도 불구하고 그 양이 변하지 않는다. 닫힌계내에서 에너지는 화학반응이나 어떤 과정을 통해서도 스스로 생겨나거나 소멸되지 않고 그 총량은 항상 일정하다는 것이 에너지보존의 법칙(the law of conservation of energy)이다. 가속도를 가지며 운동하는 물체의 에너지는 속도와 공간적 위치에 따라 여러 형태의 에너지가 순간순간 달라지지만 그 총량은 항상 일정한 것이 좋은 예이다.

에너지보존의 법칙은 열역학 제1법칙(the first law of thermodynamics)으로 표현된다.

11.2 열역학

열역학(thermodynamics)은 어원적으로 therm(열, 온도)과 dynamic(힘의, 동적인)의 합성어이며 열과 일의 두 에너지 형태에 관련된 분야를 연구하는 학문이다. 열역학에는 세 가지 법칙이 있으며 이를 각각 열역학 제1법칙, 열역학 제2법칙, 열역학 제3법칙 이라 한다.

11.2.1 열역학 제1법칙

열역학 제1법칙은 에너지 보존의 법칙을 근거로 하여 계에 주어진 외부로부터의 에너지는 계에 보존된다는 것이며 다음과 같이 정의 된다.

■ 열역학 제1법칙

"외부로부터 계에 주어진 열에너지(Q)와 일에너지(W)의 합은 계의 내부에너지 변화량(⊿E)과 같다."

$$\Delta E = Q + W \qquad (식\ 11.3)$$

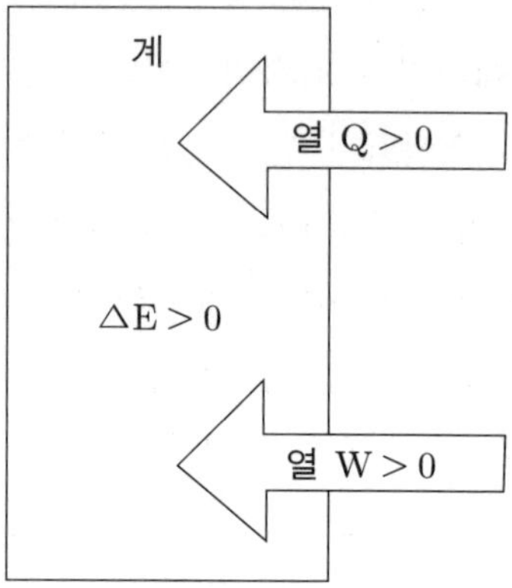

그림 11.2 열역학 제1법칙과 에너지 균형

예제 11-1 어떤 계가 외부로부터 50J의 열에너지를 받아서 100J의 일을 하였다. ΔE는 몇 J 인가?

풀이 열역학 제 1 법칙에서 계에 주어진 일의 양이 W이면 계가 한 일은 -W가 된다.

$$\begin{aligned}\Delta E &= Q + W \\ &= 50J + (-100J) \\ &= -50J\end{aligned}$$

정답 -50J

내부에너지는 일정한 부피(정용) 조건하의 물체가 가지는 에너지로서 분자들의 운동(병진, 회전, 진동)에너지에 의한 것이며 물체의 온도에 비례한다. 또한 내부에너지 변화량(ΔE)은 계의 온도변화(ΔT)에 비례하여 다음과 같이 표현 된다.

$$\Delta E = C_V \cdot \Delta T = C_V \cdot (T_2 - T_1) \qquad (식\ 11.4)$$

여기서 C_V는 정용열용량이며 부피가 일정할 때의 열용량이다. ΔT는 온도변화량이며 최종 온도(T_2)에서 처음 온도(T_1)를 뺀 값이다.

표 11.1 몇 가지 기체의 열용량(C_V)

종류	이론치($C_V/n \cdot R$)	실험치(K)			
		298	600	1000	1500
He	1.5	1.5	1.5	1.5	1.5
H_2	3.5	2.5	2.5	2.6	2.9
O_2	3.5	2.5	2.9	3.2	3.4
Cl_2	3.5	3.1	3.4	3.5	3.6
N_2	3.5	2.5	2.6	2.9	3.2
H_2O	6.0	3.0	3.4	4.0	4.7
CO_2	6.5	3.5	4.7	5.5	6.0

표 11.1에서 n과 R은 각각 기체의 몰(mol)수와 기체상수이며 실험치가 이론치보다 작고 온도가 올라가면 그 차이가 감소하는 것은 기체의 분자운동 중 진동에너지는 고온에서 나타나기 때문이다.

예제 11-2 1mol 수소기체로 된 어떤 계가 외부로부터 100J의 열을 받아 일을 하였다. 이 과정에서 계의 온도가 10K 감소했다면 일 에너지는 몇 J 인가?

풀이 먼저 ΔE를 계산한다. (단 C_V는 표 11.1의 이론치를 이용)

$$\begin{aligned}\Delta E &= C_V \cdot \Delta T \\ &= 3.5(8.314\ \mathrm{J/mol \cdot K}) \cdot (-10\mathrm{K}) \\ &= -86.64\ \mathrm{J/mol}\end{aligned}$$

열역학 제 1법칙에서 W를 구한다.

$$\Delta E = Q + W$$

$$\rightarrow W = \Delta E - Q$$

$$= -86.6\ J/mol - 100\ J/mol$$

$$= -186.6\ J/mol$$

여기서 외부로부터 계에 가한 일의 양이 W이면 계가 한 일의 양은 -W이므로

정답 187 J

열역학 제1법칙에서 일의 양(W)은 다음과 같은 식으로부터 계산된다.

$$\text{등온가역 : } W_{rev} = n \cdot R \cdot T \ln\frac{V_2}{V_1} = n \cdot R \cdot T \ln\frac{P_1}{P_2}$$

(식 11.5)

$$\text{등압비가역 : } W_{irr} = - P_{ex} \cdot \Delta V = - P_{ex} \cdot (V_2 - V_1)$$

(식 11.6)

윗 식들에서 V_1과 P_1은 각각 계의 처음 부피와 압력을 가리키며 V_2및 P_2는 최종 부피와 압력을 말한다. W의 아랫첨자 rev와 irr은 reversible(가역적)과 irreversible(비가역적)의 약자이며 P 아래의 첨자 ex는 external(외부)의 약자이다. 따라서 W_{rev}, W_{irr}, P_{ex}는 각각 가역적 일, 비가역적 일, 외부압력을 의미한다. 열역학적 일의 크기는 다른 조건이 동일한 경우 가역적 일이 비가역적 일보다 크고 최대 일(maximum work, W_{max})을 나타낸다. 참고로 열역학적 관점에서 가역적 일은 일의 수행과정이 무한대의 단계를 거치도록 하여 부피와 압력의 변화가 단계별로 극소가 되게 하는(infinitesimal change) 것을 말

한다. 완전한 가역과정은 실제적으로 불가능하나 정방향과 역방향의 일이 모두 동일한 크기를 가지게 하는 가상적 과정이다.

이밖에 열역학 제1법칙과 관련된 엔탈피변화량(ΔH)도 다음의 관계식으로부터 구할 수 있다.

$$\Delta H = C_p \cdot \Delta T = C_p \cdot (T_2 - T_1) \qquad (\text{식 } 11.7)$$

식 11.7에서 C_p는 정압열용량이며 대기압하에서와 같이 일정한 압력하에서의 열용량을 의미하며 정용열용량(C_v)과는 다음의 관계가 있다.

$$C_p - C_v = n \cdot R \qquad (\text{식 } 11.8)$$

예제 11-3 25℃, 1mol의 기체가 들어 있는 계의 부피를 등온가역적으로 팽창시켜 두 배가 되게 하였다. 계가 외부에 한 일의 크기는 몇 J 인가?

풀이

$$W_{rev} = -R \cdot T \ln\frac{V_2}{V_1}$$
$$= -(8.314\ \text{J/mol} \cdot \text{k})(298\text{K})\ln 2$$
$$= -1717.3\ \text{J/mol}$$

계가 외부에 한 일(-W)이므로

정답 1717.3 J

예제 11-4 대기압하에서 어떤 기체 1mol이 들어 있는 계의 부피를 20L에서 30L로 등압비가역 팽창시켰다. 외부로부터 계에 주어진 일의 크기는 몇 J 인가?

풀이

$$W_{irr} = -P_{ex} \cdot (V_2 - V_1)$$
$$= -(1\ \text{atm})\ (10\ \text{L})$$
$$= -(101325\ \text{Pa})\ (0.01\ m^3)$$
$$= -1013.25\ \text{J}$$

정답 -1013.3 J

11.2.2 열역학 제2법칙

열역학 제2법칙은 열효율(heat efficiency,η)과 관련된 엔트로피(entropy,s)의 법칙이다.

엔트로피는 무질서한 정도로 나타내는 열역학적 상태함수(state function)인데 그 값이 클수록 더욱 무질서하다. 상대함수는 계의 상태를 나타내는 변수들 중 현재 상태가 그 상태에 도달하게 한 경로와는 무관한 것들을 가리키며 온도, 압력, 내부에너지 등이 여기에 속한다. 그러나 일과 같이 어떤 과정을 거치는가에 따라 결과가 달라지는 항들은 경로함수(path function)라고 한다.

■ 열역학 제2법칙

"자연계의 모든 자발적과정(spontaneous process)은 엔트로피가 증가하는 쪽으로 진행된다."

엔트로피는 열역학적 기호가 S이며 엔트로피 변화량은 ⊿S이다. 따라서 엔트로피가 증가한다는 것은 ⊿S가 양의 부호를 갖는 것을 의미하며 계의 부피 또는 온도가 증가하거나 여러 물질이 혼합되는 경우 등이 좋은 예이다. 여러 경우의 엔트로피 변화량은 다음의 식들을 통해 계산할 수 있다.

온도변화 : $\Delta S = C_V \cdot \ln\frac{T_2}{T_1}$ (식 11.9)

부피 및 압력변화 : $\Delta S = n \cdot R \ln\frac{V_2}{V_1} = n \cdot R \ln\frac{P_1}{P_2}$

(식 11.10)

상전이 : $\Delta S = \frac{\Delta H}{T}$ (여기서 ⊿H는 상전이열)

(식 11.11)

물질 A,B의 혼합 : $\Delta S = -n \cdot R\ (X_A \ln X_A + X_B \ln X_B)$

(식 11.12)

예제 11-5 27℃, 수소기체 1 mol을 가열하여 327℃가 되었다. ⊿S는 얼마인가?

풀이 1 mol 수소기체의 C_v 는 3.5 R 이므로 (표 11.1 참조)

$$\Delta S = C_v \cdot \ln\frac{T_2}{T_1}$$

$$= (3.5)(8.314\ J/mol \cdot K)\ln\frac{600K}{300K}$$

$$= 20.17\ J/mol \cdot K$$

정답 20.17 J/mol · K

예제 11-6 100℃, 대기압하에서 1mol의 물이 전부 수증기로 바뀐다면 엔트로피 변화량은 얼마인가? (증발열은 표6.1 참조)

풀이 $\Delta S = \frac{\Delta H}{T} = \frac{40600\ J/mol}{373K} = 108.8\ J/mol \cdot K$

정답 108.8 J/mol · K

예제 11-7 28g의 질소기체(N_2)와 64g의 산소기체(O_2)가 혼합되면 혼합전에 비해 엔트로피는 얼마나 증가하는가?

풀이 식11.12에 대입하기 위해 각 성분 기체의 몰수와 몰분율을 먼저 계산한다.

$$n_{N_2} = 1mol\ ,\ n_{O_2} = 2mol\ ,\ X_{N_2} = \frac{1}{3}\ ,\ X_{O_2} = \frac{2}{3}$$

$$\Delta S = -n \cdot R\ (X_{N_2}\ln X_{N_2} + X_{O_2}\ln X_{O_2})$$

$$= -(3mol)(8.314\ J/mol \cdot K)(\frac{1}{3}\ln\frac{1}{3} + \frac{2}{3}\ln\frac{2}{3})$$

$$= 15.87\ J/mol \cdot K$$

정답 15.87 J/mol · K

지금까지의 엔트로피 변화량(ΔS)계산은 계의 상태변화를 중심으로 다루었으나 실제 화학반응에서의 엔트로피 변화량(ΔS)은 부록에 수록한 표준상태 엔트로피(S°)를 이용하여 계산한다.

$$\Delta S^\circ = \Sigma S^\circ(\text{생성물}) - \Sigma S^\circ(\text{반응물}) \qquad (\text{식 } 11.13)$$

열역학 제2법칙에서 생각해야 할 다른 점은 열효율(η)이며 계에 주어진 열량에 대해 계가 한 일의 비율을 의미한다.

$$\eta = \frac{-W}{Q} \qquad (\text{식 } 11.14)$$

Carnot는 카르노순환(Carnot cycle)을 통해 아래의 관계를 유도하여 열효율이 1보다 작음을 증명하였다.

$$\eta = \frac{T_2 - T_1}{T_2} < 1 \qquad (\text{식 } 11.15)$$

따라서 어떤 열기관이든 제공된 에너지와 같은 크기의 에너지를 일로써 방출할수 없으며 이런 1종 영구기관은 존재할 수 없다는 것이 열역학 제2법칙의 관점이다.

11.2.3 열역학 제3법칙

열역학 제3법칙은 Nernst에 의해 아래와 같이 표현되었다.

■ 열역학 제3법칙

"절대 0도에서 완전한 결정의 엔트로피는 0 이다."

열역학 제2법칙에서 온도가 올라가면 엔트로피도 증가하고 온도가 계속해서 내려가면 엔트로피도 감소하여 절대온도 0도(0 K)일때 엔트로피가 가장 작게 된다. 특히 결정결함이 전혀 없는 완전한 결정의 경우는 무질서함이 전혀 없으므로 절대 영도에서 엔트로피 값을 0으로 규정할 수 있고 이를 열역학 제3법칙의 정의로 하였다.

그러나 열역학 제3법칙에서는 자유에너지(free energy)라는 새로운 상태함수가 중심적인 역할을 한다. 자유에너지의 종류로는 정압조건의 Gibbs자유에너지(G)와 정용조건의 Helmholtz자유에너지(A)가 있으며 대기압하에서의 일반적 조건으로 인해 Gibbs자유에너지 변화량이 식 11.16과 같이 정리된다.

$$G = H - T \cdot S \qquad \text{(식 11.16)}$$

$$\Delta G = \Delta H - T \cdot \Delta S \quad \text{(등온일 경우)} \quad \text{(식 11.17)}$$

ΔS의 부호가 양이면 자발적 과정이고 ΔH는 음의 부호일때 발열반응이다. 따라서 ΔG는 반응의 자율성을 나타내는 열역학적 상태함수로써 그 값이 음의 큰 수치를 나타낼수록 반응이 쉽게 잘 진행됨을 의미한다.

$\Delta G < 0$: 정반응이 자발적

$\Delta G = 0$: 평형상태

$\Delta G > 0$: 역반응이 자발적

앞 장(10.3.2)에서 언급한 바와 같이 ΔG는 반응용이성을 나타내므로 평형상수와는 밀접한 관계가 있다. 표준상태(25℃, 1기압)에서의 Gibbs 자유에너지의 변화를 ΔG°로 표기하고 표준 자유에너지 변화량(standard free energy change)이라 한다. 특히 화합물이 원소로부터 생성되는 생성반응의 Gibbs 자유에너지변화량을 표준생성자유에너지(standard free energy of formation) 또는 표준생성자유에너지 변화량(change of standard free energy of formation)이라하며 ΔG_f°로 표기한다.

$$\Delta G = \Delta G^\circ + R \cdot T \cdot \ln K \quad \text{(식 11.18)}$$

$$\Delta G^\circ = -R \cdot T \cdot \ln K \text{ (평형상태)} \quad \text{(식 11.19)}$$

$$\Delta G^\circ = \Sigma \Delta G_f^\circ\text{(생성물)} - \Sigma \Delta G_f^\circ\text{(반응물)} \quad \text{(식 11.20)}$$

열역학 제3법칙은 열역학 제2법칙과 연결된 것으로서 반응의 방향과 용이성에 대해 서술하였다.

예제 11-8 25℃에서 1 mol의 일산화질소(NO)의 산화반응은 표준자유에너지변화량이 −70kJ이다. 평형상태에서의 평형상수는 얼마인가?

풀이 식11.18에서

$$\ln K = -\frac{\Delta G^\circ}{RT} = \frac{-70000 J/mol}{(8.314 J/mol \cdot K)(298K)} = 28.3$$

$\rightarrow K = 1.95 \times 10^{12}$

정답 1.95×10^{12}

각 물질의 ΔG° 및 열역학 자료는 부록에 수록하였다.

11.3 반응열

반응열(reaction heat)은 반응엔탈피(reaction enthalpy)라고도 하며 화학반응의 진행에 수반되는 열량변화를 가리킨다. 반응의 진행을 통해 외부로부터 열을 흡수하면 흡열반응

(endothermic reaction)이고, 외부로 열을 방출하면 발열반응(exothermic reaction)이다. 반응열은 엔탈피 변화량인 ΔH로 표기하고 흡열반응은 양의 부호이며 발열반응은 음의 부호를 갖는다. 그림 8.3에서와 같이 흡열반응은 생성물의 퍼텐셜에너지가 반응물에 비해 크고 발열반응의 경우 반응물의 퍼텐셜에너지가 더 크다.

반응열은 반응의 종류에 따라 생성열(heat of formation), 분해열(heat of decomposition), 중화열(heat of neutralization), 연소열(heat of combustion), 중합열(heat of polymerization) 등 다양하게 불리워지며 반응열이 표기된 반응식을 열화학방정식(thermochemical equation)이라고 한다.

11.3.1 Hess의 법칙

열화학방정식에 표기된 반응열 (ΔH)은 상태함수이어서 반응의 경로와 무관하다. 19세기 중엽 Hess에 의해 실험적으로 밝혀진 Hess의 법칙(Hess′ law)은 반응열이 경로에 무관하다는 것이다.

■ Hess의 법칙

"화학반응의 반응열(ΔH)은 반응의 경로와 무관하고 그 양은 항상 일정하다."

Hess의 법칙은 반응이 여러 단계로 나뉘어 진행되어도 각 단계의 반응열을 합하면 전체 반응의 반응열과 같다는 총열량불변의 법칙(law of constant heat summation)을 의미한다. 예로서 메테인가스(CH_4)의 연소반응을 살펴보자. 메테인가스 연소반응의 반응열은 몰당 -890kJ이며 반응을 두 단계로 나누어 진행하여도 각 단계의 반응열을 합하면 역시 -890kJ로서 같다.

$$CH_4(g) + 2O_2(g) \rightarrow CO_2(g) + 2H_2O(\ell)$$

$$\Delta H = -890kJ \qquad (식\ 11.21)$$

$$CH_4(g) + 2O_2(g) \rightarrow CO(g) + 2H_2O(\ell)$$

$$\Delta H_1 = -607kJ \qquad (식\ 11.22)$$

$$CO(g) + 2H_2O + \frac{1}{2}O_2(g) \rightarrow CO_2(g) + 2H_2O(\ell)$$

$$\Delta H_2 = -283kJ \qquad (식\ 11.23)$$

$$\Delta H = \Delta H_1 + \Delta H_2$$

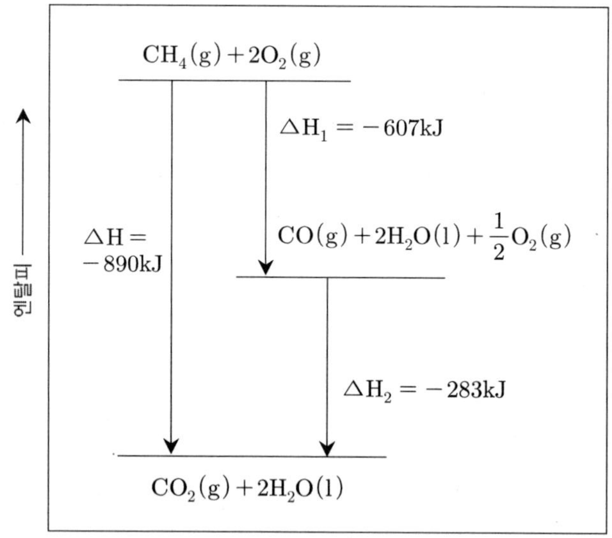

그림 11.3 CH_4 연소반응에서의 Hess 법칙

예제 11-9 탄소(흑연)의 연소반응을 두 단계로 나누어 진행시키면 다음과 같다. 전체 반응의 열화학방정식을 표현하시오.

$$C(\text{흑연}) + \frac{1}{2}O_2(g) \rightarrow CO(g) \qquad \Delta H_1 = -110.5kJ$$

$$CO(g) + \frac{1}{2}O_2(g) \rightarrow CO_2(g) \qquad \Delta H_2 = -283.0kJ$$

풀이 전체 화학반응식과 반응열은 두 단계를 합하여 구한다.

$$C(\text{흑연}) + O_2(g) \rightarrow CO_2(g) \qquad \Delta H = -393.5kJ$$

정답 $C(\text{흑연}) + O_2(g) \rightarrow CO_2(g) + 393.5kJ$

11.3.2 생성엔탈피

원소들로부터 화합물 1mol이 생성되는 반응열을 생성열 또는 생성엔탈피(enthalpy of formation , ΔH_f) 라고 한다.

표준생성엔탈피(ΔH_f°)는 그 값이 부록에 수록되어 있고 이것들로부터 표준상태에서의 반응열을 구할 수 있다.

$$\Delta H^\circ = \Sigma\Delta H_f^\circ(\text{생성물}) - \Sigma\Delta H_f^\circ(\text{반응물}) \quad (\text{식 } 11.24)$$

즉 생성물들의 표준생성엔탈피 합으로부터 반응물의 표준생성엔탈피 합을 빼주면 반응열이 계산된다. 그러나 여기서 유의할 점은 원소뿐만 아니라 한 종류의 원소로 구성된 단체(elements)의 표준생성엔탈피는 0 이라는 것이다.

예제 11-10 프로페인(C_3H_8) 기체 1mol의 연소반응에서 표준상태 반응열은 몇 J인가? ΔH_f°를 부록에서 찾아 계산하시오.

풀이 먼저 반응식을 완성하면 (4.4.1 참조)

$$C_3H_8(g) \ + \ 5O_2(g) \ \rightarrow \ 3CO_2(g) \ + \ 4H_2O(g)$$

부록에서 ΔH_f°를 찾으면

$C_3H_8(g)$: -103.85 KJ/mol

$CO_2(g)$: -393.51 KJ/mol

$H_2O(g)$: -242.82 KJ/mol

그러므로 식 11.24에서

$$\Delta H_f^\circ = \Sigma\Delta H_f^\circ(\text{생성물}) - \Sigma\Delta H_f^\circ(\text{반응물})$$
$$= 3\times(-393.51) + 4\times(-242.82) - (-103.85)$$
$$= -2047.96 \ (kJ/mol)$$

정답 -2047kJ/mol 또는 -2.047×10^6 J/mol

11.3.3 결합엔탈피

분자의 종류가 단체(elements)이든 화합물이든 분자내 화합결합이 존재한다. 예를 들어 물(H_2O)은 두 개의 O-H 결합이 있으며 이산화탄소(CO_2)는 두 개의 C=O 결합으로 구성되어 있다. 이 분자내결합을 깨뜨리는데 필요한 최소의 에너지를 결합에너지(bond energy) 또는 결합엔탈피(bond enthalpy, b.e)라고 한다.

표 11.2 몇 가지 결합의 평균결합엔탈피(kJ/mol)

	H-	C-	C=	C≡	N-	N=	N≡	O-	O=
H	463	415			391			463	
C	415	348	607	812	292	619	891	351	728
N	391	292	619	891	161	418	945		
O	463	351	728	1076				139	493
S	339	259	477						
F	563	441			270			185	
Cl	432	328			200			203	
Br	366	276							
I	299	240							

결합엔탈피(b.e)로부터 다음 관계식을 이용하여 반응열(ΔH)을 계산할 수 있다.

$$\Delta H = \sum b.e\ (\text{반응물}) - \sum b.e\ (\text{생성물}) \quad (\text{식 } 11.25)$$

즉 반응열 ΔH는 반응물의 결합엔탈피 합으로부터 생성물의 결합엔탈피 합을 빼주면 얻을 수 있다.

예제 11-11 메테인의 연소반응은 다음과 같다. 반응열은 몇 kJ 인가? (표 11.2의 결합엔탈피를 이용하여 계산할 것)

$CH_4(g) + 2O_2(g) \rightarrow CO_2(g) + 2H_2O(g)$

풀이 반응물 중 CH_4분자는 4개의 C-H 결합이 있고 $2O_2$는 2개의 O=O 이 있다.
생성물 중 CO_2는 2개의 C=O결합이 있고 $2H_2O$는 4개의 O-H 결합으로 구성된다.
그러므로 식11.25에 의해

$$\Delta H = 4\times(415) + 2\times(498) - 2\times(728) - 4\times(463)$$
$$= -652(kJ/mol)$$

정답 -652kJ/mol

11.4 열전달

열은 물체의 고온부에서 저온부로 이동하며 온도차가 클수록 이동속도도 크다. 열이 이동하는 것을 열전달(heat transfer)이라고 하며 전도(conduction), 대류(convection), 복사(radiation)의 세 가지 형태가 있다. 전도는 고정된 물체간 접촉에 의한 열전달이며 대류는 유동하는 유체로부터 전달되는 열전달이고 복사는 공간적으로 분리된 물체간 열복사선에 의한 열전달을 가리킨다. 일상 생활속 대부분의 열전달은 전도와 복사에 의한 것이며 대류는 전도의 특별한 형태로 볼 수 있다. 열전달과 관련된 대표적 용어는 열방출율(heat release rate, HRR, Q), 열유동율(heat flow rate, HFR, q), 그리고 열유속(heat flux, q″)이다. 열방출율은 고온의 물체가 방출하는 열량을 말하며 열유동율은 저온의 물체가 받아들이는 열량이고 열유속은 단위 면적당 열유동율의 크기를 가리킨다.

11.4.1 전도

전도는 두 물체간의 접촉을 통해 열을 전달하므로 두물체간의 온도차(ΔT)와 함께 전달면적(A)과 전달체의 두께(l)에 의해 열유동율이 정해진다.

$$q = \frac{k \cdot A \cdot \Delta T}{l} \qquad (식\ 11.26)$$

식 11.26에서 k는 열전도계수이며 열유동율(q)은 열전달면적과 온도차에 비례하고 전달체의 두께에 반비례함을 보여준다.

예제 11-12 두께 5cm, 면적 $4m^2$ 폴리우레탄폼 벽체를 통한 열유속은 얼마인가? 벽의 양면 온도는 70℃ 와 20℃이며 열전도 계수는 3.4×10^{-2}J/sec · m · K 이다.

풀이 $q'' = \frac{q}{A}$ 이므로

$$= \frac{k \cdot \Delta T}{l}$$

$$= \frac{(3.4\times10^{-2} J/sec \cdot m \cdot K)(50K)}{0.05m}$$

$$= 34\ J/sec \cdot m^2$$

정답 34 J/sec · m^2

11.4.2 대류

움직이는 유체로부터 고체표면으로의 열전달 현상이 대류 열전달이므로 크게는 전도 열전달과 다를 바 없다. 그러나 유체의 속도가 빠르거나 유체 흐름의 형태에 따라 전달체의 두께(ℓ)가 변하므로 식 11.26에서 k/ℓ 항을 대류열전달계수(h)로 바꾸고 열유속으로 표현하면 식11.27이 된다.

$$q'' = h \cdot \Delta T \qquad (식\ 11.27)$$

대류열전달계수는 5~10J/sec · K · m^2 범위가 일반적이지만 유체의 흐름이 층류(laminar flow)이거나 화염이 고체에 직접 닿는 경우에는 5~50J/sec · K · m^2 범위까지 커진다.

예제 11-13 평균온도가 820℃인 난류화염으로부터 20℃ 벽면에 전달되는 열유속은 얼마인가? (단, 대류열전달계수(h)는 5 J/sec·K·m^2 이다)

풀이 식11.27에 의해

$$q'' = (5\ J/sec \cdot K \cdot m^2)(800K)$$
$$= 4000\ J/sec \cdot m^2$$

정답 4000 J/sec · m^2 또는 4 kJ/sec · m^2

11.4.3 복사

복사 열전달은 물체의 복사파에 의해 열이 전달되는 형태이므로 물체의 온도(K)에 의해 결정되며 Plank의 이론으로 정리된다.

$$q'' = \sigma T^4 \qquad (식\ 11.28)$$

즉 복사 열전달의 열유속은 복사체 온도(K)의 4제곱에 비례하며 σ는 Stefan-Boltzman상수로 $5.67 \times 10^{-8}\ J/m^2 \cdot K^4$ 이다. 그러나 이론치와는 달리 복사체의 표면 특성에 따라 효율이 감소하는데 이를 표면효과(surface effect)라고 하며 이로 인해 최대 복사에너지에 대한 실제치의 비율인 방사율(emissivity, ε)은 대개 0.8±0.2의 값을 가진다. 특히 복사체가 화염일 경우에는 방사율(ε)은 화염의 두께(ℓ)와 감광입자에 의한 흡수계수(absorption coefficient, k)에 의해 결정된다.

$$\varepsilon = 1 - \exp^{(-k \cdot l)} \qquad (식\ 11.29)$$

또한 복사에너지를 받아들이는 물체의 경우에도 복사파의 입사각과 표면형상에 따라 복사에너지가 감소하므로 이 에너지 감소비율을 형상계수(configuratuon factor, F_{12})라고 한다. 따라서 목표물이 받는 복사열유속은 다음과 같이 정리된다.

$$q'' = \varepsilon \sigma T^4 F_{12} \qquad (식\ 11.30)$$

여기서 F_{12}의 아랫첨자 12는 복사에너지를 받는 1지점에서 볼 수 있는 복사체 2의 분율이라는 의미이다.

11.5 연소반응

연소반응은 흔히 연소(combustion)라고 하며 가연물이 산소와 반응하여 열과 빛을 발생시키는 급격한 산화반응을 가리킨다. 때로는 원치 않은 연소로 인해 인명과 재산상의 피해를 입힐 경우도 있으며 이를 화재라고 한다.

11.5.1 연소의 요소

연소반응을 진행시키는 요소는 3가지 혹은 4가지로 표현한다. 가연물, 산소공급원, 점화원을 연소의 3요소라 하며 여기에 연쇄반응을 추가하면 연소의 4요소가 된다. 가연물은 연소되는 물질을 말하며 산소공급원은 공기와 기타 산소발생원을 가리킨다. 점화원은 인화점(flash point) 이상의 온도 상태에 있는 가연물이 연소를 시작할 수 있도록 공급되는 에너지원을 말하며 연쇄반응은 연소가 지속되는데 필요한 수소라디칼(hydrogen radical)이나 수산화라디칼(hydroxide radical)등의 반응중간체들이 지속적으로 생성되고 반응하는 과정을 의미한다. 연소의 4요소와 관련되어 소화법도 결정된다. 먼저 가연물은 없어야 연소반응이 종결되므로 제거소화법이 적용되며 산소공급원은 산소의 차단으로 소화할 수 있으므로 질식소화라고 한다. 또한 점화원은 인화에 필요한 큰 에너지를 가져야 하므로 냉각소화가 효과적이다. 연쇄반응도 화학반응의 한 종류이므로 연쇄반응의 경우 반응의 진행을 저지하는 부촉매소화가 적절하다.

표 11.3 연소의 4요소와 소화법

요소	소화법	예
가연물	제거소화	연료
산소공급원	질식소화	공기, 질산나트륨
점화원	냉각소화	정전기, 전기불꽃, 단열압축
연쇄반응	부촉매소화	•OH, •H

11.5.2 연소생성물

연소생성물은 가연물의 종류에 따라 달라지나 주성분은 CO_2이다. 이 밖에도 일산화탄소(CO), 포스겐($COCl_2$), 황화수소(H_2S), 아크로레인(CH_2CHCHO), 질소산화물(NO_x), 염화수소(HCl) 등이 존재하며 다량의 수증기가 동반되기도 한다.

(1) 이산화탄소(carbondioxide)

자체적으로 독성은 없으나 농도가 진할 경우 인체의 호흡속도를 증가시켜 유독가스의 인체내 유입을 촉진한다. 3~7% 농도하에서는 질식작용이 나타나며 대기중 농도가 9%를 넘으면 신경독으로 작용하여 순간적으로 사망할 가능성도 있다.

(2) 일산화탄소(carbonmonoxide)

일산화탄소 기체는 헤모글로빈에 의한 혈액의 산소운반을 방해하여 사람을 질식시키고 사망에 이르게 한다. 불완전연소과정을 통해 발생하며 연소생성물 중 일반화재에서 인체에 가장 큰 피해를 주는 성분이다. 유독 기체에 관한 대기 중 허용농도를 허용한계치(threshold limiting value, TLV) 또는 작업장 허용농도라고 하는데 그 수치가 작을수록 독성이 강하고 위험하다. 일산화탄소의 TLV는 100ppm이다.

(3) 포스겐(phosgene)

염소성분이 함유된 플라스틱이 연소될 때 발생하는 유독성 기체이다. 초기 소화약제로 사용했던 사염화탄소(CCl_4)의 사용이 금지된것도 이 기체의 발생이 원인이었다. TLV는 0.1ppm.

(4) 황화수소(hydrogen sulfide)

특유의 달걀 썩는 냄새가 나며 약한 농도하에서는 현기증과 두통을 느낀다. TLV는 10ppm이며 600ppm 농도에서는 30분 이내에 사망한다. 시안화수소와 같이 체내 효소작용을 방해하는 독물질이며 200ppm이상 농도에서 후각기능을 마비시킨다.

(5) 아크로레인(acrolein)과 질소산화물(nitrogen oxides)

아크로레인은 석유제품이나 유지의 연소시 발생하는 독성가스이며 10ppm이상의 농도에서 즉시 사망한다. 질소산화물은 일산화질소(NO)와 이산화질소(NO_2)가 대표적인 물질이며 내연기관의 배출가스를 통해 대기중으로 배출된다. 대기중 수분과 반응하여 강한 산성물질로 작용하고 NO와 NO_2의 TLV는 각각 2.5ppm과 5ppm이다.

(6) 염화수소(hydrogen chloride)

염산이라고 하며 금속에 대한 강한 부식성이 있는 기체이다. PVC 등의 염소함유 플라스틱이나 난연재의 연소등을 통해 발생한다. 신체의 외부뿐만 아니라 기도와 호흡기 내면을 자극하여 호흡장애를 유발하며 1500ppm이상의 농도에서는 수 분내 치명적인 신체손상을 입을 수 있다.

연습문제

1 표 11.1을 이용하여 600°C 수소기체 1mol이 700°C로 되었을 때의 내부에너지 변화량을 계산하라.

2 등온하에서 2mol 수소기체의 부피를 두 배로 팽창시켰다. ΔS는 얼마인가?

3 44g의 CO_2기체, 56g의 N_2기체, 48g의 O_2기체가 동시에 혼합된다면 혼합전후를 통한 ΔS는 얼마인가?

4 메테인 기체의 연소반응은 다음과 같다. 부록의 ΔG°_f 값을 이용해 ΔG°를 계산하라.

$$CH_4(g) + 2O_2(g) \rightarrow CO_2(g) + 2H_2O(g)$$

5 25°C, 1기압하에서 위 4번의 반응이 진행된다면 부록의 S° 값을 이용해 ΔS°를 계산하라.

6 표11.2를 이용하여 아래 반응의 반응열(ΔH)을 계산하라.

$$2C_2H_2(g) + 5O_2(g) \rightarrow 4CO_2(g) + 2H_2O(g)$$

7 위6번 반응의 반응열(ΔH)을 부록의 ΔH_f° 를 이용하여 계산하라.

8 면적이 $10m^2$이며 두께 10cm인 콘크리이트 벽체를 통한 열유속은 얼마인가?
(단, 열전도계수는 1J/sec・m・K이며 벽면의 온도는 각각 500°C와 10°C이다.)

9 900°C의 층류화염으로부터 20°C 벽에 전달되는 대류열유속(q″)을 구하시오.
(단, 대류열전달계수(h)는 30 J/sec・m^2・K이다.)

10 화염의 온도는 800℃이고 화염의 두께는 50cm인 화염으로부터의 복사열유속(q″)을 구하시오. (단, F_{12} 는 0.017이며 k는 $0.8m^{-1}$이다)

제12장 유기화학

유기화학은 생명체에서 합성되는 유기물을 연구하는 학문이란 의미에서 그 명칭이 유래되었으나 현재는 주성분이 탄소와 수소로 된 탄화수소(hydrocarbon)와 그 유도체들(derivatives)을 연구하는 분야를 가리킨다. 유기화합물(organic compound)의 명명에 관해서는 이미 3장에서(3.2절) 언급하였으므로 이 장에서는 단지 몇 가지 유기화합물의 종류를 간단하게 소개하고자 한다.

12.1 유기화합물의 분류

유기화합물의 주된 성분은 탄화수소이며 탄소척추(carbon backbome)에 수소가 결합된 형태이다. 탄화수소는 일반적인 형태의 지방족(aliphatic)과 향기를 가진다는 방향족(aromatic)으로 구분하며 지방족은 다시 동일 형태의 동족체(homolog)에 따라 알케인(alkane), 알켄(alkene), 알킨(alkyne) 및 지환형화합물(alicyclic compound)등으로 크게 분류된다. 알케인은 분자내 모든 결합이 단일결합으로 이루어져 있어서 구조적으로 탄소척추에 결합가능한 수소가 모두 결합된 포화탄화수소(saturated hydrocarbon)를 가리킨다. 예로서 탄소갯수에 따라 메테인(CH_4), 에테인(C_2H_6), 프로페인(C_3H_8), 부테인(C_4H_{10})등이 있으며 C_nH_{2n+2}의 골격성분을 가진 동족체이다. 알켄은 탄소척추에 이중결합을 가진 구조로서 알케인에 비해 상대적으로 작은 수소갯수를 가지므로 불포화탄화수소(unsaturated hydrocarbon)에 속한다. 예로서 에텐(ethene 또는 ethylene, C_2H_4), 프로필렌(C_3H_6),부텐(C_4H_4)등을 들 수 있으며 C_nH_{2n}의 원자구성비를 가진 동족체이다. 알킨은 탄소척추내 삼중결합을 가지는 불포화 탄화수소로서 에틴(ethyne 또는 acetylene, C_2H_2), 프로핀(C_3H_4)등의 C_nH_{2n-2}의 원자 구성비를 가지는 동족체이다. 지환형화합물은 탄소척추가 고리를 형성하는 형태의 화합물로서 대개 3각형에서부터 6각형에 이르는 고리형탄화수소를 가리키는데 산소원자를 가교로하는 크라운에터(crown ether)의 경우 20개 이상의 탄소, 산소 고리를 형성하기도 한다. 이 화합물들은 cyclo라는 접두사를 탄소 갯수 앞에 붙여서 시클로펜테인(cyclopentane,C_5H_{10}), 시클로헥세인(cyclohexane, C_6H_{12}) 등으로 호칭한다.

방향족 탄화수소는 화합물내에 벤젠(benzene, C_6H_6)을 포함한 구조를 가진 모든 분자와 그 유도체를 가리킨다. 벤젠, 톨루엔(toluene, C_7H_8), 페놀(phenol, C_6H_6O), 나프탈렌(naphthalene, $C_{10}H_8$)등이 있으며 대부분 독특한 냄새를 가진다. 이 밖에도 작용기(functional group)에 의해 유기화합물을 분류할 수도 있으며 이에 관해 3.2장에서 소개한 바 있다.

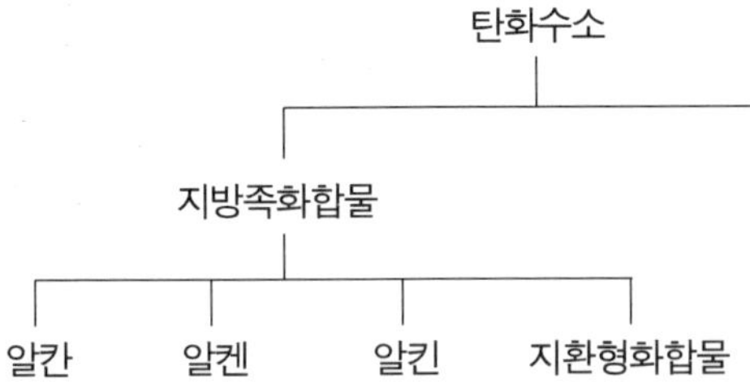

그림 12.1 탄화수소의 분류

12.2 다양한 반응형태

유기화합물의 반응 형태는 매우 다양하며 대표적인 방법은 다음과 같다.

■ 치환반응(substitution reaction)

치환반응은 분자내 수소원자가 다른 원자로 교환되는 반응이다. 치환되는 원자의 갯수와 전하에따라 단분자친핵체치환반응(SN_1), 이분자친핵체치환반응(SN_2), 단분자친전자체치환반응(SE_1), 이분자친전자체치환반응(SE_2)등으로 구분하며 주로 원자의 크기가 작고 반응성이 큰 할로겐 원자가 치환체로 작용하고 광반응은 일반적으로 치환반응의 속도를 증가시킨다.

$$C_2H_6 + Cl_2 \rightarrow C_2H_5Cl + HCl \qquad (식\ 12.1)$$

■ 첨가반응(addition reaction)

탄소척추에 다중결합을 가진 불포화 탄화수소들을 대상으로 진행되는 반응형태이다. 대개는 수소원자 또는 할로겐원자가 첨가되어 분자의 포화도를 높이는 반응이다.

$$C_2H_4 + H_2 \rightarrow C_3H_6 \qquad (식\ 12.2)$$

■ 제거반응(elimination reaction)

유기화합물 분자내 원자들이 외부물질과 반응하거나 자체적으로 반응하여 분자구조로부터 이탈되는 반응 형태이다. 이탈원자의 갯수에 따라 단원자제거반응(E_1)과 이분자제거반응(E_2)으로 구분하며 이탈로 인해 탄소척추의 결합차수가 증가하고 이탈원자는 대개 물분자의 형태로 제거된다.

$$C_3H_7OH \rightarrow C_3H_6 + H_2O \qquad (식\ 12.3)$$

■ 산화반응(oxidation reaction)

유기화합물의 산화반응은 두 가지 형태가 있으며 반응온도에 따라 구분된다. 고온의 경우 탄화수소가 주성분인 유기화합물은 연소되어 물과 이산화탄소를 생성한다. 그러나 저온에서는 산소가 결합되는 산화반응이 다양한 유도체를 생성하는데 알코올의 경우 백금(Pt)촉매하에서 산화반응을 통해 알데하이드와 카복실산으로 바뀐다.

$$\underset{\text{alcohol}}{CH_3CH_2OH} \xrightarrow[-H_2O]{\frac{1}{2}O_2} \underset{\text{aldehyde}}{CH_3CHO} \xrightarrow{\frac{1}{2}O_2} \underset{\text{carboxylic acid}}{CH_3COOH}$$

(식 12.4)

■ 환원반응(reduction reaction)

환원반응은 산화반응과 반대되는 반응이어서 알데하이드로부터 알코올을 제조할 수 있다.

$$\underset{\text{acetaldehyde}}{CH_3CHO} + H_2O \xrightarrow{Ni촉매} \underset{\text{ethylalcohol}}{CH_3CH_2OH}$$

때로는 수소첨가 환원반응이 액체상태의 기름을 고체상태로 경화(hardening)시키는데 이용된다.

■ 에스테르화 반응(esterification)

유기산(organic acid)과 알코올간의 반응을 말하며 생성물로서 $RCOO\,R'$의 구조를 가지는 에스터(ester)가 만들어진다. ester의 생성여부는 특유의 ester향 들을 통해 쉽게 확인된다.

$$\underset{\text{aceticacid}}{CH_3COOH} + \underset{\text{ethylalcohol}}{HOC_2H_5} \rightarrow \underset{\substack{\text{methylaceticacid} \\ \text{(ester)}}}{CH_3COOC_2H_5} + H_2O$$

■ 비누화반응(saponification)

에스테르화의 반대되는 과정으로서 ester에 물을 가하여 유기산과 알코올로 가수분해하는 반응이다. 글리세린ester인 식물성기름을 수산화나트륨(NaOH)수용액으로 처리하면 분해된 스테아르산(stearic acid, $C_{17}H_{35}COOH$)이 Na와 결합하여 스테아르산나트륨을 형성하는데 이 것이 비누성분이다. 따라서 이 반응을 비누화반응이라고 한다.

동, 식물성기름 + NaOH → 스테아르산나트륨 + 글리세린
(=비누)

12.3 고분자

고분자(polymer)는 분자량이 10000amu이상인 분자를 가리키는데 실제의 고분자는 분자량이 대부분 수십만이상의 거대분자(macromolecule)들이다. 인위성 여부에 따라 천연고분자(natural polymer)와 합성고분자(synthetic polymer), 중합방법에 따라 부가중합고분자(addition polymerization polymer)

와 축중합고분자(condensation polymerization polymer), 성분에 따라 유기고분자(organic polymer)와 무기고분자(inorganic polymer), 용도에 따라 합성수지(synthetic resin), 합성섬유(synthetic fiber), 합성고무(synthetic rubber)등으로 구분한다. 참고로 분자량이 1000~10000amu사이의 분자는 올리고머(oligomer)라고 한다.

12.3.1 중합체

중합체는 고분자와 같은 개념의 용어이며 수많은 단위체(monomer)가 연결된 분자라는 의미이다. 단위체가 서로 간에 결합하는 데에는 에너지적으로 불안정한 초기상태와 탄소-탄소간 이중결합이 단일결합으로 바뀌어야 한다. 따라서 중합반응이 진행되기 위해서는 반응초기에 벤조일퍼옥사이드(benzoil-peroxide, BPO)와 같은 과산화물 개시제(initiator)를 넣어주는데 개시제에서 생성된 자유라디칼(free radical)이 단위체를 공격하여 이중결합을 단일결합으로 바뀌게 한다. 대부분의 단위체들은 이중결합을 가진 알켄(alkene)들이다. 중합방법은 크게 부가중합과 축중합으로 구분된다. 부가중합은 단위체들의 직접적인 연결로 진행되며 에틸렌(ethylene)으로부터 폴리에틸렌(polyethylene,PE)의 중합이나 프로필렌(propylene)으로부터 폴리프로필렌(polypropylene,PP)의 제조가 가장 대표적이다. 이 밖에도 polyvinylchloride(PVC), polyacrylonitrile (PAN), polystyrene(PS), polymethylmethacrylate (PMMA)등이 부가중합법으로 제조된다. 한 종류의 단위체로 구성된 중합체(homopolymer)와는 달리 두 종류의 단위체를 중합시켜(copolymerization)제조한 공중합체(copolymer)는 다양한 물성변화를 나타내어 기계적 강도, 화학적특성, 난염성, 염색성 등의 향상을 가질 수 있다. 공중합체의 물성은 단위체의 종류에 따라 달라지지만 단위체들의 배열방법(sequence arrangement)에 따라서도 큰 차이를 나타낸다. 교대중합(alternating copolymerization), 블록중합(block copolymerization), 그라프트중합(graft copolymerization)및 불규칙중합(random copolymerization) 등이 대표적인 공중합법이다. 공중합되는 두 단위체가 교대로 반복되는 배열은 교대중합이며 각 단위체들의 집단과 집단이 교대로 반복되면 블록중합, 한 종류의 단위체 사슬에 가지모양으로 다른 단위체가 결합되면 그라프트중합, 두 단위체가 불규칙하게 배열되면 불규칙중합이다.

$$n(H_2C=CH_2) \rightarrow +CH_2\text{-}CH_2+_n$$

ethylene polyethylene

축중합은 중합체 형성을 위한 단위체들간의 연결시 두 단위체로부터 물분자가 빠져나옴을 통해 연결되는 중합형태이다. 아마이드기(amide group)를 가지는 나일론6,6(nylon6,6)와 polyester 등은 대표적인 축중합체이다. 대부분의 중합은 매우 큰 중합열을 가지는 발열반응이며 반응열의 제거가 원활치 못한 경우 폭발하기도 하는데 그것은 중합체의 에너지가 단위체들의 에너지 합보다 작기 때문이다. 중합체들의 중에는 열에 의해 유연해지는 열가소성수지(thermoplastic resin)와 가열에 의해 딱딱해지거나 연소 후 분해되는 열경화성수지(thermosetting resin)가 있으며 폴리염화비닐(PVC), 폴리에틸렌(PE), 폴리프로필렌(PP)등은 열가소성수지이며 페놀수지, 요소수지 등은 열경화성수지이다. 열가소성수지에는 dioctylphthalate (DOP)같은 가소제(plasticizer)를 첨가제로 넣어 플라스틱의 가소성을 향상시킨다.

12.3.2 무기고분자

무기고분자는 고분자의 척추에 탄소원자를 대신하여 규소(Si) 또는 인(P)과 질소(N)등이 들어있는 중합체를 가리키며 대표적인 예가 실리콘고분자(silicone)이다. 실리콘고분자는 사슬의 길이와 사슬의 교차정도에 따라 실리콘오일(silicone oil), 실리콘그리이스(silicone grease), 실리콘고무(silicone rubber), 실리콘수지(silicone resin)등으로 이용된다. 또 다른 무기고분자로서 polyphosphazene을 들 수 있는데 고리형태의 $(PNCl_2)_3$단위체가 중합된 polyphosphazene은 우수한 난염성과 저온(-90℃)탄성으로 인해 용도가 점증하고 있다. 또한 의료용 화학치료제의 운반체로 사용하면 병소에 대한 치료제의 선택적 작용이 가능하여 그 응용에 관한 연구가 최근 활발하다.

12.3.3 천연고분자

천연고무의 진액은 대표적인 천연고분자이며 인체내의 단백질이나 다당류들도 여기에 속한다. 합성고분자에 대한 천연고분자의 특성은 분자량의 단분산성(monodisperse)에 있다. 합성고분자는 분자량이 중합시마다 폭넓게 달라지는 다분산성(polydisperse)를 가지고 있어서 분자량의 표현시에도 중량평균분자량이나 수평균분자량과 같이 평균분자량(average molecular weight)으로 나타낸다. 그러나 천연고분자는 분자량이 그 종류마다 좁은 범위내에서 일정하다. 천연고무의 주성분은 isoprene이며 흰색깔의 고무나무 진액인 라텍스(latex)를 산처리하여 제조한 생고무는 isoprene중합체이다.

12.3.4 기타 중합체

세포핵속에서 유전정보를 담고있는 DNA(deoxyribonucleic acid)는 수소결합이 작용하는 이중 나선형(double helix)의 고분자이다. 또한 단백질 구조인 polypeptide는 α-아미노산의 peptide결합에 의해 생성된 천연고분자이다. polysulfurnitrides는 황과 질소가 주성분이며 $(S=N)_n$이 단위체인 중합체인데 절대영도 근처에서의 초전도성으로 인해 오래전부터 주목받는 전도성 고분자 물질이다.

연습문제

1 아닐린(aniline)은 구조적으로 탄화수소 분류상 어디에 속하는가? (3.2.3참조)

2 alkane, alkene, alkyne 중 중합체를 형성하는 동족체는?

3 시클로헵탄(C_7H_{14})은 탄화수소 분류상 어디에 속하는가?

4 esterification의 출발물질은 무엇인가?

5 Ni촉매하에서 알데하이드류를 가수분해하여 얻을 수 있는 물질은?

6 oligomer의 분자량 범위는?

7 중합반응은 흡열반응인가 발열반응인가?

8 중합반응에서 BPO는 무슨 역할인가?

9 중합반응에서 DOP는 무슨 역할인가?

10 천연고분자의 가장 큰 특징은?

연습문제 해답

제1장

1 19K : $1s^2 2s^2 2p^6 3s^2 3p^6 4s^1$ 또는 〔18Ar〕 $4s^1$

2 원자번호 28, 니켈(Ni)

3 인(P)이 더 큰 원자이며 같은 족에서 질소보다 더 아래쪽에 있기 때문

4 A족, 원자가가 4s이기 때문에 주족원소

5 질소, 전기음성도가 더 크기 때문

6 N^{3-}가 더 큰 이온이다. 등전자이온의 경우 원자번호가 클수록 이온반경은 작기 때문

7 에너지$(kg \cdot m^2/sec^2)$이다.

8 89cm

9 308K

10 10L

제2장

1 ·N̈·, ·Al·
(N과 Al 모두 아래쪽에 점 하나씩 더 있음)

2 $\frac{1}{4}$로 약해진다

3 4개$(2s^2\ 2p^2)$

4 :Ö::C::Ö:
(두 O 모두 아래쪽에 점 두 개씩 더 있음)

5 배위화합물을 형성했기 때문

6 C_6H_{14}(런던힘이 작기 때문)

7 H_2O (수소결합으로 인해서)

8 분자가 커져 세포막을 통한 체내 흡수가 불가능하기 때문.

9 3차

10 상자성

제3장

1 a) 과산화수소, hydrogenperoxide

b) 하이포아염소산나트륨, sodiumhypochlorite

c) 수산화암모늄, ammoniumhydroxide

d) 황화철(Ⅲ) iron(Ⅲ)sulfide, 황화제2철 ferricsulfide

2 a) $CuSO_4$ b) $CaSO_3$ c) Al_2O_3 d) $NaHCO_3$

3 a) N_2O_4 b) SO_2 c) P_2O_5 d) SF_6

4 hydrochloric acid, sulfuric acid

5 a) HNO_2 b) HF c) CH_3COOH d)NaOH

6 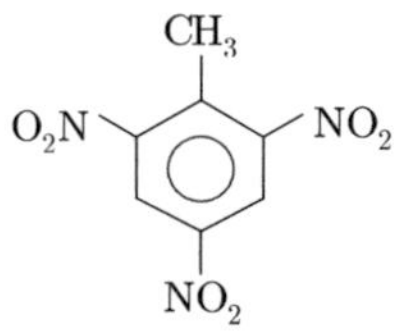

7 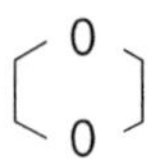

8 $[Ni(NH_3)_4]^{2+}$

9 freon 010 또는 freon 10

10 halon 2402

제4장

1 NH_2 , N_2H_4

2 3×10^{23}개 또는 0.5mol

3 6×10^{24}개 또는 10 mol

4 $2C_4H_{10} + 13O_2 \rightarrow 8CO_2 + 10H_2O$

5 $2C_2H_2 + 5O_2 \rightarrow 4CO_2 + 2H_2O$

6 $3Cu + 2NO_3^- + 8H^+ \rightarrow 3Cu^{2+} + 2NO + 4H_2O$

7 $IO_3^- + 3HSO_3^- \rightarrow I^- + 3SO_4^{2-} + 3H^+$

8 $2CrO_2^- + 3HO_2^- \rightarrow 2CrO_4^{2-} + H_2O + OH^-$

9 수소기체(H_2)

10 75%

제5장

1 $\frac{1}{2}$배

2 44.8L

3 24.4L

4 24.3L

5 없다.
분자간 인력을 인정치 않으므로 액체가 될 수 없기 때문

6 493m/sec

7 $\frac{1}{2}$배

8 약40.6cm

9 10atm

10 $\frac{2}{3}$

제6장

1 분자간 거리, 분자간 인력
2 50℃(0.998g/㎤), 온도가 올라가면 부피가 조금 증가하기 때문. 95℃ 밀도는 0.962g/㎤
3 67.8J
4 5℃ 또는 5K
5 (a) 분자가 클수록 분자간 인력이 강해 끓는점도 높다.
(b) 강한 수소결합으로 끓는점이 비정상적으로 높다.
6 370.4kJ
7 sm, bcm
8 (101)
9 ⟨112⟩
10 14.5°

제7장

1 0.1M
2 0.75N
3 35mg
4 1L
5 약 4.99℃
6 약 100.12℃
7 침전발생(2×10^{-3}M이 K_{sp}보다 크기 때문)
8 $CaCl_2$
9 CaF_2
10 용액의 산성도를 높이고, 리간드를 넣어 착이온을 생성시킨다.

제8장

1 0.1 atm^{-1}

2 -2

3 진해진다

4 약 27.1초

5 빈도인자 혹은 잦음율

6 촉매를 넣어준다.

7 평행반응

8 반응열(ΔH)

9 불안정하여 생존시간이 짧기 때문

10 Eyring식(절대속도이론)

제9장

1 11

2 9.56

3 10mL

4 8.0

5 210g

6 +0.37

7 3.77

8 5.28

9 $1.8\times10^{-8}M < [Cl^-] \le 2.9\times10^{-2}M$

10 $4.84 < pH \le 9.04$

제10장

1 a) +4 b) -1 c) +5

2 +4, +2

3 니켈전극(Ni전극)

4 -1.26V

5 2.05V

6 0.75V

7 $10^{-49.7}$

8 0.96V

9 1.06V

10 납(Pb)

제11장

1 2079J

2 11.53J/K

3 39.66J/K

4 902.3kJ/mol

5 199.9J/K · mol

6 -1902kJ/mol

7 -1604kJ/mol

8 4.9kJ/sec · m^2

9 26.4kJ/sec · m^2

10 420J/sec · m^2

제12장

1 방향족화합물(방향족탄화수소)

2 alkene

3 지환형화합물(alicyclic compound)

4 유기산(organic acid)과 알코올(alcohol)

5 알코올류

6 1000~10000amu

7 발열반응

8 개시제

9 가소제

10 (분자량의) 단분산성

표준상태에서의 열역학적 성질

족	물질	$\Delta H_f^\circ(kJ/mol)$	$S^\circ\ (J/K \cdot mol)$	$\Delta G_f^\circ(kJ/mol)$
I	$H(g)$	217.96	114.60	203.26
	$H_2(g)$	0	130.57	0
	$H_3O^+(aq)$	-285.83	69.91	-273.18
	$Li(s)$	0	29.12	0
	$Li(g)$	159.37	138.66	126.69
	$LiH(s)$	-90.54	20.01	-68.37
	$Li_2O(s)$	-597.94	37.57	-561.20
	$LiF(s)$	-615.97	35.65	-587.73
	$Na(s)$	0	51.51	0
	$Na(g)$	107.32	153.60	76.79
	$Na_2O(s)$	-414.22	75.06	-375.48
	$NaOH(s)$	-425.61	64.46	-379.53
	$NaF(s)$	-573.65	51.46	-543.51
	$NaCl(s)$	-411.15	72.13	-384.15
	$NaNO_3(s)$	-467.85	116.52	-367.07
	$Na_2S(s)$	-364.8	83.7	-349.8
	$Na_2SO_4(s)$	-1387.08	149.58	-1270.23
	$NaHSO_4(s)$	-1125.5	113.0	-992.9
	$Na_2CO_3(s)$	-1130.68	134.98	-1044.49
	$NaHCO_3(s)$	-950.81	101.7	-851.1
	$K(s)$	0	64.18	0
	$K(g)$	89.24	160.23	60.62
	$K_2O(s)$	-284.93	116.7	-239.4
	$KOH(s)$	-424.76	78.9	-379.11
	$KF(s)$	-567.27	66.57	-537.77
	$KCl(s)$	-436.75	82.59	-409.19
	$KClO_3(s)$	-397.73	141.3	-296.25
	$KBr(s)$	-393.80	95.90	-380.66
	$KI(s)$	-327.90	106.32	-324.89
	$KMnO_4(s)$	-837.2	171.71	-737.7
	$K_2CrO_4(s)$	-1403.7	200.12	-1295.8

족	물질	$\Delta H_f^\circ (kJ/mol)$	$S^\circ \ (J/K \cdot mol)$	$\Delta G_f^\circ (kJ/mol)$
I	Rb(s)	0	76.78	0
	Rb(g)	80.88	169.88	53.09
	RbCl(s)	-453.5	95.90	-407.82
	Cs(s)	0	85.23	0
	Cs(g)	70.06	175.49	49.15
	CsCl(s)	-443.04	113.05	-391.41
II	Be(s)	0	9.50	0
	Be(g)	324.3	136.16	286.6
	BeO(s)	-609.6	14.14	-580.3
	Mg(s)	0	32.68	0
	Mg(g)	147.70	148.54	113.13
	MgO(s)	-601.70	26.94	-569.82
	$MgSO_4$(s)	-1284.9	91.6	-1170.7
	Ca(s)	0	41.42	0
	Ca(g)	178.2	154.77	144.33
	CaH_2(s)	-186.2	42	-147.2
	CaO(s)	-635.09	39.75	-604.05
	CaS(s)	-482.4	56.5	-477.4
	$a(OH)_2$(s)	-986.09	83.39	-898.56
	CaF_2(s)	-1219.6	68.87	-1167.3
	$CaCl_2$(s)	-795.8	104.6	-748.1
	$Ca(NO_3)_2$(s)	-938.39	193.3	-743.20
	CaC_2(s)	-59.8	69.96	-64.9
	$CaCO_3$ (s,calcite)	-1206.92	92.9	-1128.84
	$CaSO_4$(s)	-1434.11	106.9	-1321.86
	$BaCO_3$(s)	-1216.3	112.1	-1137.6
	$BaSO_4$(s)	-1473.2	132.2	-1362.3
	TiO_2(s, rutile)	-944.7	50.33	-889.5
	$TiCl_4$(ℓ)	-804.2	252.3	-737.2
	$TiCl_4$(g)	-763.2	354.8	-726.8
	Cr_2O_3	-1139.7	81.2	-1058.1
	WO_2	-589.69	50.54	-553.92
	WO_3	-842.87	75.90	-764.08

족	물질	$\Delta H_f^\circ (kJ/mol)$	$S^\circ\ (J/K \cdot mol)$	$\Delta G_f^\circ (kJ/mol)$
II	MnO(s)	-385.22	59.71	-362.92
	MnO_2	-520.03	53.05	-465.17
	Fe(s)	0	27.28	0
	Fe(g)	416.3	180.38	370.7
	FeO(s)	-266.27	57.49	-245.12
	Fe_2O_3(s,hematite)	-824.2	87.40	-742.2
	Fe_3O_4(s,magnetite)	-1118.4	146.4	-1015.5
	FeS(s)	-100.0	60.29	-100.4
	$FeCO_3$(s)	-740.57	93.1	-666.72
	C_oO(s)	-237.94	52.97	-214.22
	C_oCl_2(s)	-312.5	109.16	-269.8
	NiO(s)	-239.7	37.99	-211.7
	Cu(s)	0	33.15	0
	Cu(g)	338.32	166.27	298.61
	CuO(s)	-157.3	42.63	-129.7
	Cu_2O(s)	-168.6	93.14	-146.0
	CuCl(s)	-137.2	86.2	-119.88
	$CuCl_2$(s)	-220.1	108.07	-175.7
	$CuSO_4$(s)	-771.36	109	-661.9
	AgCl(s)	-127.07	96.02	-109.81
	$AgNO_3$(s)	-124.39	140.92	-33.48
	ZnO(s)	-348.28	43.64	-318.32
	ZnS(s)	-205.98	57.7	-201.29
	ZnCl(s)	-415.05	111.46	-369.43
	$ZnSO_4$(s)	-982.8	110.5	-871.5
	HgO(s)	-90.83	70.29	-58.56
	$HgCl_2$(s)	-224.3	146.0	-178.6
	Hg_2Cl(s)	-265.22	192.5	-210.78
	B_2H_6(g)	35.6	232.00	86.6
	H_3BO_3(s)	-1094.33	88.83	-969.02
III	B_2O_3(s)	-1272.77	53.97	-1193.70
	BF_3(g)	-1137.00	254.01	-1120.35
	BCl_3(g)	-403.76	289.99	-388.74
	Al_2O_3(s)	-1675.7	50.92	-1582.3

족	물질	$\Delta H_f^\circ(kJ/mol)$	$S^\circ\ (J/K\cdot mol)$	$\Delta G_f^\circ(kJ/mol)$
IV	C(s, graphite)	0	5.74	0
	C(s, diamond)	1.895	2.377	2.900
	C(g)	716.682	157.99	671.29
	CH_4(g)	-74.81	186.15	-50.75
	C_2H_2(g)	226.73	200.83	209.20
	C_2H_4(g)	52.26	219.45	68.12
	C_2H_6(g)	-84.68	229.49	-32.89
	C_3H_8(g)	-103.85	269.91	-23.49
	n-C_4H_{10}(g)	-124.73	310.03	-15.71
	C_4H_{10}(g.isobutane)	-131.60	294.64	-17.97
	n-C_5H_{12}(g)	-146.44	348.40	-8.20
	C_6H_6(g)	82.93	269.2	129.66
	C_6H_6(ℓ)	49.03	172.8	124.50
	CO(g)	-110.52	197.56	-137.15
	CO_2(g)	-393.51	213.63	-394.36
	CS_2(g)	117.36	237.73	67.15
	H_2CO_3(aq)	-699.65	187.4	-623.08
	HCOOH(ℓ)	-424.72	128.95	-361.42
	CH_2O(g)	-108.57	218.66	-102.55
	CH_3OH(ℓ)	-238.66	126.8	-166.35
	CH_3OH(g)	-200.66	239.70	-162.01
	CH3COOH(ℓ)	-484.50	159.8	-390.0
	CH3COOH(g)	-432.25	282.4	-374.1
	CH3CHO(ℓ)	-192.30	160.2	-128.12
	C2H5OH(ℓ)	-277.69	160.7	-174.89
	C2H5OH(g)	-235.10	282.59	-168.57
	CCl4(ℓ)	-135.44	216.40	-65.28
	CCl4(g)	-102.9	309.74	-60.62
	CHCl3(g)	-103.14	295.60	-70.37
	COCl2(g)	-218.8	283.53	-204.6
	HCN(g)	135.1	201.67	124.7
	Si(s)	0	18.83	0
	Si(g)	455.6	167.86	411.3
	SiC(s)	-65.3	16.61	-62.8

족	물질	$\Delta H_f^\circ(kJ/mol)$	S° $(J/K\cdot mol)$	$\Delta G_f^\circ(kJ/mol)$
IV	SiO2(s,quartz)	-910.94	42.68	-855.43
	SnO(s)	-285.8	56.5	-256.9
	SnO2(s)	-580.7	52.3	-519.6
	PbO(s,yellow)	-217.32	68.70	-187.91
	PbO2(s)	-277.4	68.6	-217.36
IV	PbI2(s)	-175.48	174.85	-173.64
	PbSO4(s)	-919.94	148.57	-813.21
V	N2(g)	0	191.50	0
	N(g)	472.70	153.19	455.58
	NH3(g)	-46.11	192.34	-16.48
	N2H4(ℓ)	50.63	121.21	149.24
	NO(g)	90.25	210.65	86.55
	NO2(g)	33.18	239.95	51.29
	N2O(g)	82.05	219.74	104.18
	N2O4(g)	97.820	9.16	304.18
	N2O5(s)	-43.1	178.2	113.8
	HNO2(g)	-79.5	254.0	-460.
	HNO3(ℓ)	-174.10	155.49	-80.76
	NH4NO3(s)	-365.56	151.08	-184.02
	NH4Cl(s)	-314.43	94.6	-202.97
	(NH4)2SO4(s)	-1180.85	220.1	-901.90
	P(s, white)	0	41.09	0
	P(s, red)	-17.6	22.80	-12.1
	P(g)	314.64	163.08	278.28
	P4(g)	58.91	279.87	24.47
	PH3(g)	5.4	210.12	13.4
	H3PO4(s)	-1279.0	110.50	-1119.2
	PCl3(g)	287.0	311.67	-267.8
	PCl5(g)	-374.9	364.47	-305.0
VI	O2(g)	0	205.03	0
	O(g)	349.17	160.95	231.76
	O3(g)	142.7	238.82	163.2
	H2O(g)	-241.82	188.72	-228.59
	H2O(ℓ)	-285.83	69.91	-237.18
	H2O2 (ℓ)	-187.78	109.6	-120.42

족	물질	$\Delta H_f^\circ (kJ/mol)$	S° $(J/K \cdot mol)$	$\Delta G_f^\circ (kJ/mol)$
VI	H2S(g)	-20.63	205.68	-33.56
	SO2(g)	-296.83	248.11	-300.19
	SO3(g)	-395.72	256.65	-371.08
	H2SO4(ℓ)	-813.99	156.90	-690.10
	SF6(g)	-1209	291.71	-1105.4
VII	F2(g)	0	202.67	0
	HF(g)	-271.1	173.67	-273.2
	Cl2(g)	0	222.96	0
	HCl(g)	92.31	186.80	-95.30
VII	Br2(ℓ)	0	152.23	0
	HBr(g)	-36.40	198.59	-53.43
	I2(s)	0	116.14	0
	HI(g)	26.48	206.48	1.72
VIII	He(g)	0	126.04	0
	Ne(g)	0	146.22	0
	Ar(g)	0	154.73	0

찾아보기

B

C

D

E

F

G

H

I

J

K

L

M

N

O

P

Q

R

S

T

ㄴ

ㄷ

ㅅ

ㅇ

ㅈ

ㅊ

저자약력

김 명 철 (金 明 哲)

1983 경북대학교 공업화학과 졸업(공학사)
1985 경북대학교 대학원 공업화학과
졸업(공학석사)
1988 경북대학교 대학원 공업화학과
박사과정 졸업(공학박사)
2001.1~2002.1 Univ. of Florida 화학과 방문교수
1991~현재 경일대학교 소방방재학부 교수

화 학 개 론 값 14,000원

2007년 3월 25일 초판 인쇄
2007년 3월 30일 초판 발행

저 자 김 명 철
발 행 자 김 중 현
발 행 처 **녹 문 당**

서울특별시 마포구 염리동 36-249 202호
전 화 (02)713－2711
FAX (02)713－2710
등 록 서울 제 19-100호

ISBN 978-89-88684-55-9 93430